〈数理を愉しむ〉シリーズ

数学と算数の遠近法
方眼紙を見れば線形代数がわかる

瀬山士郎

早川書房
6788

数学と算数の遠近法
目 次

はじめに 9

第1章 濃度のなかの微分積分学 11

§1 濃度 11 ／ §2 均質と不均質 15 ／ §3 微分積分学という数学 19 ／ §4 微分積分学としての濃度 22 ／ §5 微分と積分 32 ／ §6 微分積分学の基本定理と濃度、速度 40 ／ §7 その後の微分積分学 45

第2章 算数のなかの無限 49

§1 無限への旅立ち 49 ／ §2 $0.\dot{9} = 1$? 53 ／ §3 目で見る ε-δ 論法、正方形のパッキング 61 ／ §4 無理数という無限 70 ／ §5 円周率 π の話 80

第3章 方眼紙とベクトル空間 92

§1 概念と構造（1） 92 ／ §2 直線と平面 94 ／ §3 方眼紙という構造 97 ／ §4 方眼紙上のアフィン幾何学 103 ／ §5 方眼の変換としてのアフィン変換 110 ／ §6 アフィン幾何学入門 116

第4章 1次変換という名の正比例 128

§1 正比例関係 128 ／ §2 高次元空間への旅 137 ／ §3 比例定数としての行列 145 ／ §4 1次方程式と行列式 150 ／ §5 倍と正比例 161 ／ §6 線形代数学入門 164

第5章　平方完成からテーラー展開へ　173

§1　2次関数再び　173／§2　平方完成という名のテーラー展開　176／§3　テーラー展開という方法　182／§4　曲線の形をみる——極値とグラフ　193／§5　$e^{2\pi i}=1$　202

第6章　3角形の内角和と現代幾何学　209

§1　概念と構造（2）　209／§2　植木算とその拡張　218／§3　植木算としてのオイラー・ポアンカレの定理　226／§4　3角形の外角和と曲率　233／§5　多角形の内角和　238／§6　多面体の外角和とガウス・ボンネの定理　249／§7　形の不思議　259

進んで学ぶ人のために　269

文庫版あとがき　277

解説——数学ファンへの贈り物／砂田利一　281

本文中図版：著者

数学と算数の遠近法
方眼紙を見れば線形代数がわかる

はじめに

算数が数学と名前を変えたとたんにむずかしくなり分からなくなった、あるいは、算数は好きだったけど数学になって嫌いになった、という感想を持つ人が案外たくさんいるようです。大学で数学を学んでいる学生の人たちの中にも、それと似た感想を持つ人がいます。本当に算数と数学はそんなに違うのでしょうか。この本はそのことを解明することを1つの目標にしています。

結論を先にいってしまえば、算数と数学は1つです。算数の中で扱われるいろいろな考え方やアイデアは、そのまま数学へと発展していきます。

その最も典型的な例が第1章で扱う内包量でしょう。内包量の考え方を不均質な自然現象に適用し、そこに極限という考え方を加えると、そのまま微分積分学という数学になります。

また、小学校の幾何教育で重要な役割を果たす方眼紙も、そのままの形でユークリッド空間のアフィン構造を担うベクトル空間へと展開していきます。

もちろん、数学を初めて学ぶ小学校の子供たちがそんなことを見通しているわけではありませんし、また

小学校、中学校の数学教育の中で、そのようなことが実際に教えられるわけでもありません。ここではいわば「帰りの目」で算数をもう一度見直してみようという立場がとられています(「帰りの目」で数学を見るという方法を、ぼくは小学校、中学校の先生方に教えていただきました。これは大変貴重な経験でした)。

　こんな「帰りの目」で小・中学校の数学を振り返ってみたとき、そこには新しい数学の風景が見えるはずです。それはいわば「遠近法」を身につけて、もう一度数学の創る風景を観ることです。

　遠近法を身につけていなかったとき、単に平板にのっぺりと見えた風景も、今度はずっと奥行きを持ち、遠くまで見通せるようになるに違いありません。そうすると、見慣れた数学の風景の1つ1つが立体的に見え、そこにある1つの石、1本の木もきっと新鮮な驚きをもって見えてきます。この本は、そんな数学の遠近法を身につけるためのガイド・マップとして書かれました。

　本格的な山登りのための地図はあとで参考としてあげてありますが、本書を片手に、軽いマス・トレッキングを楽しんでもらえると、こんなにうれしいことはありません。

1993年1月

瀬山士郎

第1章 濃度のなかの微分積分学

§1 濃度

　小学校や中学校の数学で誰でも一度は悩むのは、食塩水の濃度の問題でしょう。5％の食塩水50gと7％の食塩水100gを混ぜると何％の食塩水になるかとか、5％の食塩水に8％の食塩水を何g か混ぜて7％の食塩水を作りたい、どのような割合で混ぜたらいいか、といったたぐいの問題です。ここに現われる〝濃度〟という量は、それまでに出てきた長さとか重さ、面積などという量と基本的に異なった性質をもっています。すなわち、食塩水の濃度は水の量と食塩の量の両方に関係し、その両者の比で決まる量になっています。

$$食塩水の濃度 = \frac{食塩の量}{食塩水の量}$$

（実際は％で示すために、これに100を掛けてあります）

　このように2つの量の比として表わされる量は他にもたくさんありますが、小学校で出てくるものでは速度が重要です。

$$速度 = \frac{距離}{時間}$$

このように、2つの量の比として表わされる量を一般に内包量といい、それに対して長さや重さ、面積などの量を外延量といいます。

　この内包量という考えは算数、数学を通してたいへんに重要な概念なのですが、その重要性の1つは、これがいわば微分積分学という数学の先祖にあたるという点にあります。濃度と微分積分学というと、いささか奇妙に聞こえるかも知れませんが、理科で運動の法則などを学んでいる人は、速度と微分積分学といっても、きっと違和感をもたないだろうと思います。濃度も速度と同じ1つの内包量なのですから、この濃度を基にしても微分積分学という数学の成りたちを眺めることができるはずです。それは、いままでの微分積分学とは少々違った風景を見せてくれるかも知れません。そして、それが算数から数学を眺める望遠鏡の役割を果たしてくれると思います。

　これからしばらく小学校の算数や中学校の数学の食塩水の濃度という考えのなかに、微分積分学の故郷を訪ねてみたいと思います。もっとも、「ふるさとは遠きにありて思ふもの」であって「帰るところにあるまじや」などという感想をもつ方もいるかも知れませんが、まあ、そういわずに故郷を訪ねてみましょう。

　その前に、ちょっとウォーミング・アップとして、高校の数学のなかにも意外なところに濃度の影がさし

ていることを見ることにします。

問題1 $\dfrac{a}{b} = \dfrac{x}{y}$ のとき $\dfrac{a+x}{b+y} = \dfrac{a}{b} \left(= \dfrac{x}{y}\right)$

であることを示せ。これを加比の理という。

問題2 $\dfrac{a}{b} < \dfrac{x}{y}$ のとき $\dfrac{a}{b} < \dfrac{a+x}{b+y} < \dfrac{x}{y}$

であることを示せ。$a, b, x, y > 0$ とする。

これは高校の数学の「数と式」などの単元によく出てくる標準的な問題です。形式的に解くのも、それほどむずかしくありません。一応標準的な解答をつけておきましょう。

解1 $\dfrac{a}{b} = \dfrac{x}{y} = k$ とおく。

∴ $a = kb, \quad x = ky$

∴ $\dfrac{a+x}{b+y} = \dfrac{kb+ky}{b+y} = \dfrac{k(b+y)}{b+y} = k$

解2 $\dfrac{a}{b} < \dfrac{x}{y}, \quad a, b, x, y > 0$ より

$ay < bx$

∴ $ab + ay < ab + bx$

$a(b+y) < b(a+x)$

∴ $\dfrac{a}{b} < \dfrac{a+x}{b+y}$

$\dfrac{a+x}{b+y} < \dfrac{x}{y}$ も同様に示される。

形式的な証明は以上の通りですが、この問題は濃度という視点で見ると、あっけなく解決してしまいます。まず、濃度の等しい食塩水はどのような割合で混合しても、その濃度は変わらない、それから、濃度の異なる食塩水を混合すると、その濃度は2つの濃度の中間になる、ということを確認しておきましょう。つまり薄い食塩水に濃い食塩水を混ぜると、その濃度は薄いものより濃く、濃いものより薄くなるという、いわばあたりまえの事実です。

さて $\dfrac{a}{b}$ を食塩水の濃度と考えます。つまり食塩水 b g の中に食塩 a g が溶けていると考えます。$\dfrac{x}{y}$ の方も同様に、食塩水 y g の中に食塩 x g が溶けていると考えましょう。

$\dfrac{a}{b} = \dfrac{x}{y}$ のとき、この2つの食塩水は同じ濃度です。この2つの食塩水を混合すると、$(b+y)$ g の食塩水中に $(a+x)$ g の食塩が溶けている食塩水が得られますが、もちろん前に述べたことにより、この濃度は変わりません。これが加比の理の濃度を用いた1つの解釈です。したがって問題2のほうのもつ意味はもうお分かりでしょう。濃度の異なる2つの食塩水を混合すると、その濃度は2つの食塩水の中間になるということの、記

号を用いた検証があの不等式のもつ意味なのでした。このように、単なる等式、不等式の証明問題のように見える問題も、その内容を濃度によって解釈することが可能なのです。

§2 均質と不均質

次のような問題を考えましょう。これはいわゆる混み具合の問題です。

問題 座席定員52名の3両連結の電車に150人の人が乗車しています。この電車の乗車率を求めなさい。

普通は次のように計算します。

この電車全体の定員は $52 \times 3 = 156$ で156名、

$$150 \div 156 = 0.961\cdots\cdots$$

したがって乗車率はほぼ96%です。ではこの電車の乗客は全員座っていたのでしょうか。

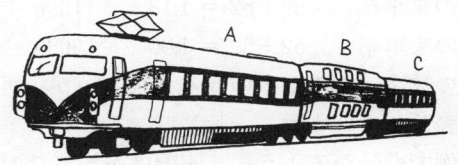

図1.1

おや、よく見ると、何人か立っている人がいます。なぜでしょう。調べてみると、この3両連結の電車のうち1両はグリーン車Bで、乗客は39名しかいません

でした。さらにCは普通車の座席指定車で52人の人が乗っていました。したがって、普通車Aには59名の乗客がいて、Aでは立っている人がいたのです。この場合、全体での乗車率は96%で、全体を均質化してみると乗車率は100%を割っていて、全員が座れているはずですが、これは平均の魔術とでもいうべき数字です。もちろん、状態を均質化することで見えてくる事実もたくさんあります。しかし、今の電車の例では、全体を均質化することによって、各々の電車の混み具合という不均質な状態は見えなくなってしまったというべきでしょう。

では、この状態をもっと正確に記述するためにはどうしたらいいでしょうか。それは、ごく自然に、1両ごとの乗車率を計算してみればいいのです。

Bの乗車率　　39÷52 ＝ 0.75　　　75%
Aの乗車率　　59÷52 ＝ 1.13　　113%
Cの乗車率　　52÷52 ＝ 1.00　　100%

これらの数字はこの電車の混み具合という状態をずっとよく表わしています。

この例でも分かるように、実際は不均質なのにもかかわらず、均質とみなしてある量を計算するということは、日常生活のなかにもよく出てきます。次の例を考えてみましょう。

問題　自動車がM市を出発し、100km離れたH市

まで2時間で走った。この自動車の速さを求めなさい。

このような問題ではもう少し詳しく、平均の速さを求めなさいと書いてある教科書も多いのですが、とにかく、この問題の答は

　　100km÷2時間＝50km/時

で時速50kmということになります。つまり速度という内包量は、移動した距離をかかった時間で割った単位時間当たりの移動距離、いわゆる1当たり量として求めることができます。

ところで、この場合の時速50kmというのはこの自動車の移動状況を正確に表わしているのでしょうか。ちょっと考えれば分かることですが、この自動車はM市での停止の状態から出発して、途中もスピードを上げたり下げたりしながら、再びH市での停止の状態に戻るわけです。つまりこの移動の最中どこでも一様に同じ速さで走ったわけではありません。平均速度とは、そのことも考えに入れたうえで、途中経過を無視して移動距離と時間だけからその速度を計算したものです。

では、この自動車の走行状態をもっとよく記述するにはどうしたらいいでしょうか。ここまでくると、その方法はごく自然に浮かんできます。そうです、電車の乗車率を計算したのと同じ方法を自動車の走行状態にあてはめればいいのです。

すなわち、ここでも考える区間を普通車、指定車、

グリーン車と分けて考えてみましょう。この自動車が最初の40分で20km、次の40分で50km、最後の40分で30km走ったとすれば（図1.2）、A区間での速さは、

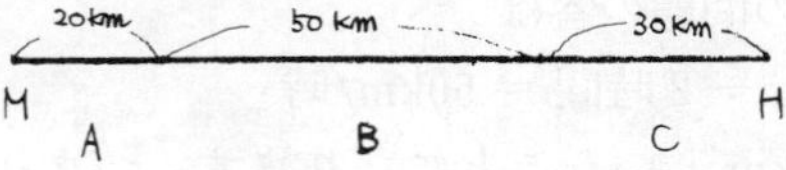

```
     20km        50km         30km
├─────────┼─────────────┼─────────┤
M    A         B          C    H
```

図1.2

$$20 \div \frac{2}{3} = 30 \text{ (km/時)}$$

B区間での速さは、

$$50 \div \frac{2}{3} = 75 \text{ (km/時)}$$

C区間での速さは、

$$30 \div \frac{2}{3} = 45 \text{ (km/時)}$$

ということになり、これは前に求めたこの自動車の平均速度50km/時に比べると、この自動車の走行状態をずっとよく表わしています。つまり、自動車の走行状態が不均質なのならば、その不均質な状態のままでその状態を表わすことを考えてみよう、というのが基本的なアイデアです。

ところで、M、H両市の間を40分ごとの時間で分けてみましたが、この場合もA、B、Cそれぞれの区間の中では自動車は均質に走ったと考えているわけです。

しかし、実際はそれぞれの区間の中でも自動車は不均質に走っているに違いありません。

この自動車の走行状態をもっと正確に記述するにはどうしたらいいでしょうか。そうです、ここまでくれば、その方法ははっきりしています。かかった時間（2時間）を40分ごとに分割したのを、さらに細かく、たとえば10分間隔に分けて、各10分ごとの自動車の走行状態を記述してやればいいでしょう。ここにはすでに微分法という、自然の状態を自然のまま記述する方法としての数学のアイデアが、そのまま顔を覗かせています。

不均質な状態にある自然を均質化することで、その大まかな状態を記述しようというのが平均というアイデアであるなら、不均質な状態にある自然を不均質なままで、部分的に記述しようというのが微分法という数学のアイデアであるといえます。

では、このアイデアをもう少し精密に、数学的に分析してみようと思います。そのために§1で述べた食塩水の濃度にもう一度登場してもらいましょう。

§3　微分積分学という数学

数学という分野を理解し楽しむのは、なかなかむずかしいと思われています。1つには受験数学というあまりにも特殊な数学が肥大化しているために、その中

にも本当はちゃんと息づいている数学本来の自由自在な発想のおもしろさが、片隅に追いやられていること、また、数学という学問のもつ抽象性が、数学の具体的なイメージを捉えにくくしていること、さらに、数学の有用性があまりにも日常感覚のレベルにまで引き降ろされて語られることが多いために、「かぼちゃを買うのに微分積分学がいるか！」（仲本正夫著『数学が好きになる』労働旬報社）という発想を生みがちなこと、などがあげられます。この節では、この微分積分学のイメージについて考えてみようと思います。この節を読まれた皆さんが、「なるほど、かぼちゃを買うのに微分積分学はいらないかも知れないが、この世界を理解する1つの方法として、微分積分学って案外おもしろいものだな」と思ってくだされば、目標は達せられたことになります。

微分積分学という数学は、その名前からして何やらいかめしい感じがします。算数とは違った高等数学というイメージもあるかも知れません。

> 「しかもその美的方則の構成には、非常に複雑な微分数的計算を要するので、あらゆる町の神経が、異常に緊張して戦いて居た」（萩原朔太郎「猫町」）

これは詩人萩原朔太郎の幻想散文詩「猫町」の中の一節です。微分数的計算というのは正確な数学用語で

はないようですが、何やら非日常的な雰囲気の中で、複雑な、ただの計算ではない高級な計算が行なわれているという感じが、うまく表現されています。

私自身も中学生のころ、高等学校では微積分という数学をやるらしい、いや微分積分学というのが正しい名前だ、などという妙に背伸びをした会話をした記憶があります。つまり、微分積分学 = 高級な、むずかしい数学というイメージをもっていたわけです。

確かに、微分積分学はそれまでの数学と違って、直接的に「無限」を扱うため、小・中学校の算数・数学にはなかったむずかしさがあります。

$1/3 = 0.3333……$

とか、この両辺を3倍した、

$1 = 0.9999……$

とかいう等式に奇妙に落着かない、どこかではぐらかされたような感じをもたれた人も、きっと多いに違いありません。これも、「無限」というものが持つ不思議な側面の1つです。

しかし、無限をきちんと手なづけることができなかった時代にあっても、微分積分学はちゃんとその役割を果たしていたというのも、また1つの歴史的事実でもあります。

微分積分学はニュートン（1642 - 1727）、ライプニッツ（1646 - 1716）によって、ほぼ同じ17世紀末頃に、

自然の法則を数学的に研究するための手段として考え出されました。ライプニッツの方は思考の記号化という側面にも力点を置いたようですが、いずれにしろこの微分積分学の発見によって、ガリレオ以来の力学上の諸法則を統一的に眺める視点が与えられ、またフェルマー（1601 - 1665）などが、個々の問題として巧みな技巧によって解決していた接線や求積の問題も、微分積分学という大きな枠組みの中で、統一的に考察することが可能になったのでした。そこでは、無限に対する厳密な数学的な取り扱いよりも、自然の本質を見抜く鋭い直観力の方が大きな役割を果たしました。ニュートン、ライプニッツの優れた直観力は、無限に対する形式的な、記号的な扱いに一抹の不安を残しながらも、微分積分学という大枠を踏みはずすことはなかったのです。

このような視点で微分積分学を眺めてみると、この数学が突如として降って涌いた高等数学ではなく、小学校で学ぶ算数の中にその萌芽がちゃんとあることが分かります。その典型的な例が食塩水の濃度であり速度なのです。

§4 微分積分学としての濃度

§1で調べたように、小学校で扱う食塩水の濃度は普通次の式で定義されます。

$$\text{食塩水の濃度} = \frac{\text{食塩の量}}{\text{食塩水の量}}$$

あるいは、分母を払った形で

食塩の量 ＝ 食塩水の量 × 食塩水の濃度

（食塩水の濃度 × 食塩水の量）

です。この2つの式を基本の式として頭に留めておいてください。

さて、この2つの式は食塩水に関するいろいろな問題を解くときの鍵になる式として中学校で学ぶものですが、そのとき暗黙のうちに了解されている事実が1つあります。それは何でしょうか。

たいがいの場合、その事実は明記されていないのですが、それは、この食塩水が均質であること、ひらたく言えば、この食塩水がよーくかき廻してある、ということに他なりません（図1.3）。この食塩水のどの一部分を汲み上げても、水と食塩の割合が一定である、

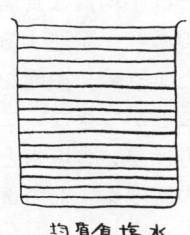

図 1.3

という保証があるからこそ、この食塩水全体の濃度がx％であるという言い方が意味をもってきます。そうでなければ、x％の食塩水といっても始まりません。

しかし、皆さんにも経験がおありと思いますが、喫茶店などでコーヒーを注文し、そのコーヒーに砂糖を入れます。いい加減にスプーンでかき廻してそのコーヒーを飲む。すると、砂糖がちゃんと溶けていなくて、上の方はブラックに近く苦みがあり、底の方は砂糖とコーヒーがドロッと混り合ったりして甘ったるくなっている。これはコーヒーと砂糖が均質に混り合っていない状態です。これと同じで、もしこの食塩水のかき廻し方が足りなければ、あるいはただ食塩を入れただけで、まったくかき廻さなかったとすれば、おそらく食塩はビーカーの下の方に沈殿し、上の方はあまりしょっぱくなく、下にいくほどしょっぱくなっている食塩水ができあがるでしょう。これでも食塩水には違いありませんが、いわば不均質な食塩水です（図1.4）。

ではこの食塩水の濃度を記述することができるでしょうか。上に述べたように、濃度を食塩水全体として統一的に記述することができないことは明らかで、上の方は薄く、下の方は濃い食塩水となっています。そこで、この食塩水の濃度を、前の電車の乗車率のときと同様に扱います。

まず、この食塩水の入ったビーカーを上、下に2等

第1章　濃度のなかの微分積分学　25

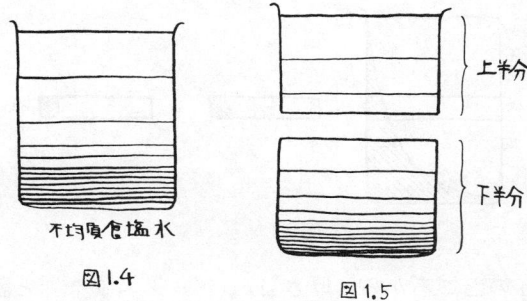

図1.4　　　　　図1.5

分します（図1.5）。各々の半分のビーカーの中ではその上、下の濃度差は全体の濃度差ほどではないでしょうから、その中だけをバラバラにかき廻して、均質食塩水にしてしまいましょう。そうすると、この食塩水の上半分の濃度、下半分の濃度というものを手に入れることができます。これはこのビーカー内の食塩水の状態を荒っぽくではありますが記述していると考えられます。

しかし、上、下2等分ではいかにも荒っぽすぎる気がします。さらに詳しくこの食塩水の状態を記述するとしたら、この2分割をさらに3分割、4分割と細かくしてやればよい、これが微分という数学のアイデアに他なりません。以上のことをきちんと述べるために、少々記号と数式の助けを借りましょう。

いま、この不均質食塩水の入ったビーカーの上から

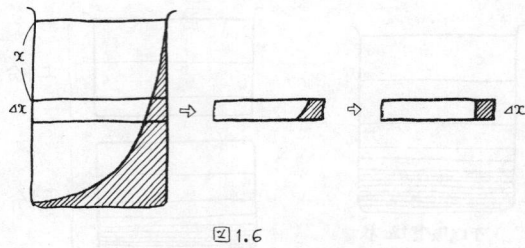

図1.6

x cm のところから、厚さ Δx（デルタエックスと読みます）cm のシャーレ状の部分を切りとったと考えます（図1.6）。このシャーレの厚さ Δx が非常に薄ければ、このシャーレ内にはほぼ均質な食塩水が入っていると考えてよいでしょう。そこで、このシャーレ内を十分にかき廻して、きちんとした均質食塩水にしてしまえば、このシャーレ内の食塩水の濃度が求まります。この濃度はこのビーカーの上からの深さ x cm の近くでの、この食塩水の状態を記述しているわけです。

この記述をさらに正確にするためには、シャーレの厚さ Δx cm をさらに薄く、もっともっと薄くしていけばよいはずです。

ところで、シャーレの厚さ Δx を、本当に 0 にしてしまうと、このシャーレの体積も 0 になり、したがって、食塩水の量も食塩の量も本当に 0 になってしまい、濃度も求まらなくなってしまう。ここのところに「無限」が顔を覗かせています。

シャーレの厚さを 0 にすることはできません。しかし、シャーレの厚さをどんどん 0 に近づけることはできます。この Δx を 0 に近づける操作を、微分積分学では「極限をとる」という言葉で表わしているのです。このときこの極薄のシャーレ内の食塩水濃度が、ある一定の値となるようであるなら、その値をこの食塩水の深さ $x\,\mathrm{cm}$ での濃度と呼んでいいでしょう。これが微分という概念です。すなわち、濃度という内包量を局所化し、極限内包量を求めること、これが微分の意味なのです。

ここで少し気になるのは、シャーレの厚さ Δx をどんどん薄くしていくという操作でしょう。どんどん薄くはするけれども、0 にはしない。この極限をとるという操作のきちんとした数学的な取り扱いは、コーシー (1789 - 1857) によって完成しました。しかし、ここではその形式的な側面に深入りすることはやめます。ただ、どんどん 0 に近づけるという考えは、直観的にはそれほどむずかしい考えではないと思います。

$$1,\ \frac{1}{2},\ \frac{1}{3},\ \frac{1}{4},\ \cdots\cdots,\ \frac{1}{1000},\ \cdots\cdots$$

が 0 にはならないけれども、いくらでも小さくなっていくというのは、なんとなく分かってしまうのではないでしょうか。これをシャーレの厚さ Δx と考えてみればいいと思います。

では、以上の議論を数式の上にのせて、もう一度いま来た微分の小道を辿ってみましょう。

ビーカーの上から x cm の深さまでの食塩の量は x によって決まる x の関数となっています。この関数が具体的にどのような関数になっているのかは、実際に実験をしてみないと分かりませんが、この関数を仮に $f(x)$ としておきます。したがって $f(0) = 0$、深さ 0 cm では食塩なし、またビーカーの深さを a cm とすれば、$f(a)$ が全体の食塩の量を表わしています。

さて、簡単のため、このビーカーの底面積を、厚さ x cm での食塩水の重さがちょうど x グラムになるようにとっておくと、このビーカーの食塩水の量（重さ）は a グラムです。したがって、もし、ビーカー内を十分かき廻して均質食塩水にすれば、その濃度は

$$\frac{食塩}{食塩水} = \frac{f(a)}{a}$$

となります。

深さ x までの食塩の量は $f(x)$ ですから、x から Δx だけの厚さをとったとき、$x+\Delta x$ までの食塩の量は $f(x+\Delta x)$ です（図1.7）。したがって、x の近くでの厚さ Δx のシャーレ内には

$f(x+\Delta x) - f(x)$

だけの食塩が含まれています。このシャーレを取り出して、よくかき廻し、シャーレ内を均質にしてしまう

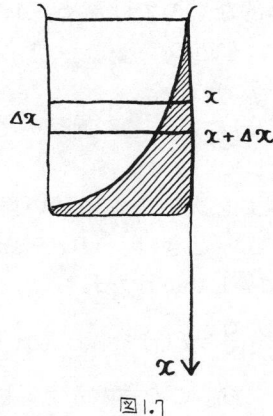

図 1.7

と、そこでの濃度は（厚さ Δx の食塩水の重さが Δx グラムですから）

$$\frac{f(x+\Delta x)-f(x)}{\Delta x}$$

となります。

ここで Δx をどんどん 0 に近づけたとき、この値が一定の値に近づくようなら、その値を $f'(x)$ と書き、このことを、

$$\lim_{\Delta x \to 0}\frac{f(x+\Delta x)-f(x)}{\Delta x} = f'(x)$$

と書きます。また、$f'(x)$ を $f(x)$ の導関数といいます。

この式は ＝ を用いた等式ですが、その内容は 1＋1

$=2$ のような静的なものではなく、Δx をどんどん薄くしていくとき、左辺の

  $(f(x+\Delta x)-f(x))/\Delta x$

の値は右辺の $f'(x)$ にどんどん近づいていく、という動的な事実を示しています。

さて、上の事実を次のように言い換えてみます。Δx がとても小さいときは、$(f(x+\Delta x)-f(x))/\Delta x$ はだいたい $f'(x)$ に等しい、すなわち

$$\frac{f(x+\Delta x)-f(x)}{\Delta x} \fallingdotseq f'(x) \qquad (\Delta x は 0 に近い)$$

という式が成り立ち、この式の分母を払うと、

  $f(x+\Delta x)-f(x) \fallingdotseq f'(x)\cdot\Delta x$

という式になります。この2つの式が

$$\frac{食塩の量}{食塩水の量} = 濃度$$

  食塩の量 = 濃度×食塩水の量

に対応していることは明らかでしょう。すなわち、

1. 食塩の量を求める $\iff$ $f(x+\Delta x)-f(x)$
2. よくかき廻して濃度を求める $\iff$ $\dfrac{f(x+\Delta x)-f(x)}{\Delta x}$
3. シャーレをどんどん薄くしていく $\iff$ Δx を 0 に近づけて極限をとる。

という対照表が作れます。この対照表の1,2の段階は小・中学校の算数や数学の守備範囲なのですが、3

は前に述べた無限との絡みで、高校に入って初めて現れるわけです。

さて、ここまでくると、この対照表の左側を忘れて、右側だけを取り出して抽象的な関数 $f(x)$ についても、今と同様の計算をすることができます。これを普通の教科書風に書きましょう。ビーカーの絵は省略して、$f(x)$ だけを取り出します。この場合は、食塩と食塩水の量の関係は、図1.8の3角形 $\triangle$PQR の縦と横の辺で示され、したがって濃度

$$(f(x+\Delta x)-f(x))/\Delta x$$

は直線 PQ の傾きとして表現されます。Δx を 0 に近づけていくとき、PQ が点 P における $y = f(x)$ のグラフの接線に近づいていくことも、図から読みとることができます。

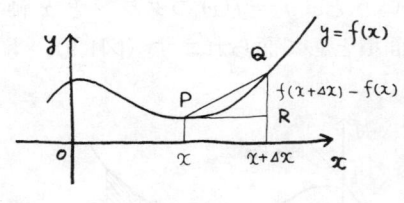

図1.8

以下、無限に薄いシャーレの厚さ（！）を dx と書くことにします。これはいわば象徴的な記号ですが、極限をとるという操作の終了した後の状態を表わして

いると考えてください。

ところで、微分積分学がニュートン、ライプニッツによって発見されたといわれるのは、単に極限内包量という微分法のもつ意味を発見したからだけではなく、すでにギリシア時代から知られていた求積としての積分法と微分法との相互関係を明らかにしたからです。この微分と積分が互いに他の逆の演算になっているという事実は、実はすでに濃度と食塩量の関係の中に潜んでいました。

次節で、この微分と積分の相互関係について調べてみましょう。

§5 微分と積分

普通、微分というと $y = f(x)$ のグラフの接線、また積分というと、$y = f(x)$ のグラフと x 軸で囲まれた部分の面積として語られます（図1.9）。もちろん、

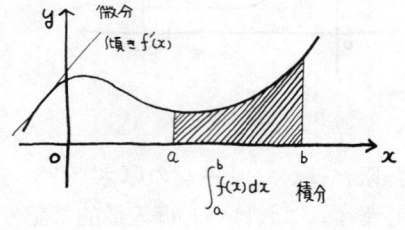

図1.9

このイメージはそれなりに正しいイメージですが、あまり、

　　微分 = 接線
　　積分 = 面積

というイメージにこだわりすぎると、微分のもつ本質的な意味——極限内包量——の方がかすんでしまって、そこから引き出される微分と積分の相互関係がぼやけてしまう恐れがあります。現に、接線と面積がどうしてお互いに逆の関係にあるのか、おやっと思っている人も多いのではないでしょうか。

　実際、$y = f(x)$ の接線の傾き $f'(x)$ と、そのグラフと x 軸で囲まれている部分 $\int_a^b f(x)dx$ との間には直接的な関係は何もありません。ところが、この問題を食塩水全体の量が分かっているとき、

1. 食塩の量から濃度を求めること
    濃度 = 食塩の量÷食塩水の量
2. 濃度から食塩の量を求めること
    食塩の量 = 濃度×食塩水の量

という2つの計算とみると、これらが互いに他の逆の計算になっていることは、小学校以来お馴染みのはずです。普通は、

1. 2つの量を知って1当たり量を求める。
2. 1当たり量を知って全体量を求める。

と呼ばれますが、1が微分にあたり、2が積分にあたるというわけです。

再びビーカーの図に戻ってこれらを数式化して考えましょう（図1.10）。

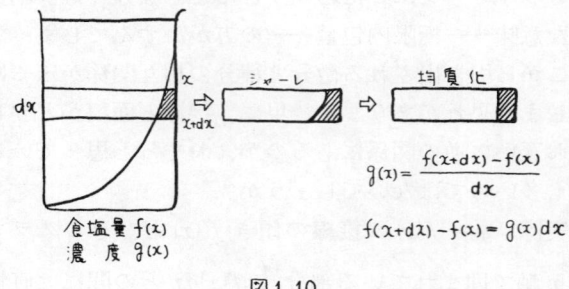

図1.10

深さ x cm のところでの濃度が $g(x)$ という関数になっているような不均質食塩水を考えます。前に見たように深さ x cm までの食塩量が $f(x)$ という関数で与えられることが分かっているなら、

$$g(x) = \lim_{\Delta x \to 0} \frac{f(x+\Delta x) - f(x)}{\Delta x} = \frac{f(x+dx) - f(x)}{dx}$$

として $g(x)$（これを前は $f'(x)$ と書きました）が求まりますが、今は逆に $g(x)$ の方が分かっていて、$f(x)$ は未知としているわけです。このとき、ビーカー内に入っている食塩の量を求めるにはどうしたらよいか、これが積分の問題です。

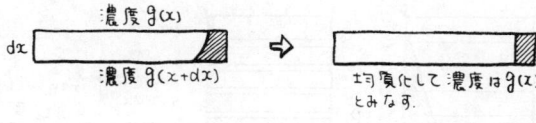

図1.11

　では、この積分の計算方法を考えましょう。また簡単のため、このビーカーの底面積を、厚さ $x\,\mathrm{cm}$ での食塩水の重さがちょうど x グラムになるように取っておきます。深さ $x\,\mathrm{cm}$ のところから、厚さ dx のシャーレを切りとり、このシャーレ内の食塩水をよくかき廻して均質食塩水を作ります。シャーレがとても薄ければこのシャーレ内の食塩水の濃度は一定で $g(x)$ と考えても大丈夫ですから（図1.11）、前にあげた内包量の用法の2によって、

　　シャーレ内の食塩量 ＝ 濃度×食塩水の量
　　　　　　　　　　　＝ $g(x)dx$

となります。この式はそれぞれの深さ x でいつでも成り立ちますから、結局、このビーカー内の食塩総量はこのビーカーを厚さ dx のいくつかの（無限個の！）シャーレに分割し、その各々のシャーレごとに食塩量を計算して、それらをすべて加えれば求まります（図1.12）。

　このように、全体をいくつかの部分に分割し、各々の部分では均質とみなして求める量を計算し、その総

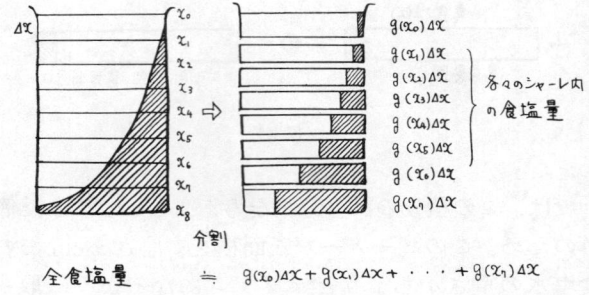

図1.12

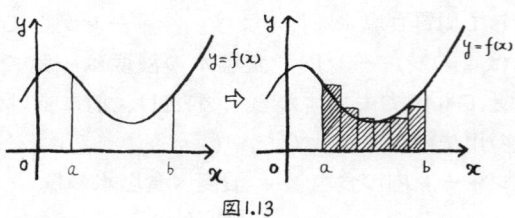

図1.13

和として全体の量を計算する方法を区分求積法と呼びます。これが積分という考え方の原型です。高校の教科書にでてくる、曲線 $y = g(x)$ と x 軸とで囲まれた部分の面積をいくつかの長方形の面積の和で近似していく図1.13を思い出す人も多いと思います。この図では、$g(x)$ が深さ x での濃度を示す関数、長方形の底辺 dx がシャーレの厚さを表わしていて、$g(x)dx$ が、

　　濃度×食塩水の量

を表わすことになり、したがって深さ x の近くでの食塩の量が斜線の長方形の面積で示されています（図1.14）。

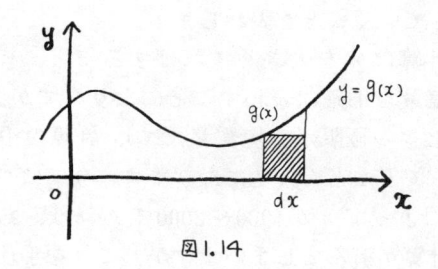

図1.14

さて、深さ x での濃度が $g(x)$ で与えられている食塩水に対して、その食塩の量は、ビーカーを厚さ Δx のシャーレ n 枚に分割することによって、ほぼ、

$$g(x_0)\cdot\Delta x+g(x_1)\cdot\Delta x+\cdots\cdots+g(x_{n-1})\cdot\Delta x$$

で与えられました。各々の $g(x_i)\cdot\Delta x$ は上から $i+1$ 番目のシャーレ内に入っている食塩の量です。これをさらに正確に計算するには、微分の場合と同様に Δx をどんどん薄くしていけばいいわけで、ここでもう一度、極限が顔を出します。これを形式的に、

$$\text{ビーカー内の食塩量}=\lim_{n\to\infty}\sum_{i=0}^{n-1}g(x_i)\cdot\Delta x=\int_0^a g(x)dx$$

と書いています。$g(x)dx$ は濃度 $g(x)$ の厚さ dx のシャーレ内での食塩量、$\int_0^a$ はその食塩をすべてのシャー

レについて加えることを表わします。ここでaはビーカーの深さ、また$n \to \infty$ というのは、ビーカーのシャーレへの分割枚数をどんどん増して、Δx をどんどん薄くしていくことを表わします。

この計算は n を大きくすればするほど、ビーカー内の食塩量を正確に表わすことになりますが（$n \to \infty$ としたときの極限が食塩総量です）、計算の手間はそれに伴ってどんどん大変になります。今ではパソコンの発達によって n が1000や2000であれば、あっという間に計算が済んでしまいますが、これを手仕事としてやるのはとても大変です。なんとかしてもう少し楽にこの計算をすることができないでしょうか。ここで、微分と積分の関係が役に立つのです。

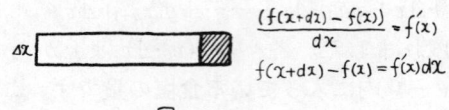

$$\frac{f(x+dx)-f(x)}{dx} = f'(x)$$
$$f(x+dx)-f(x) = f'(x)dx$$

図1.15

各々のシャーレ内で成りたっていた微分の基本関係式を思い出しましょう（図1.15）。深さ x までの食塩量を $f(x)$ としたとき、深さ x での濃度を私たちは、

$$\lim_{\Delta x \to 0}(f(x+\Delta x)-f(x))/\Delta x$$

で計算し、その値を $f'(x)$ で表わしました。いま、深さ x での濃度が $g(x)$ で表わされていますから、この

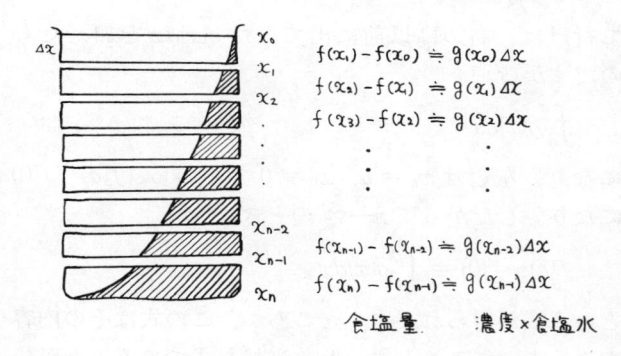

$$f(x_1)-f(x_0) \fallingdotseq g(x_0)\Delta x$$
$$f(x_2)-f(x_1) \fallingdotseq g(x_1)\Delta x$$
$$f(x_3)-f(x_2) \fallingdotseq g(x_2)\Delta x$$
$$\vdots$$
$$f(x_{n-1})-f(x_{n-2}) \fallingdotseq g(x_{n-2})\Delta x$$
$$f(x_n)-f(x_{n-1}) \fallingdotseq g(x_{n-1})\Delta x$$

食塩量　　濃度×食塩水

図1.16

式はシャーレの厚さを実際に Δx に戻せば、

$$f(x+\Delta x)-f(x) \fallingdotseq g(x)\cdot\Delta x$$

と表わされます（図1.16）。

（$x_{i-1}+\Delta x = x_i$ に注意してください）

この式を左辺、右辺で辺々加えると、

$$\text{左辺} = (f(x_1)-f(x_0))+(f(x_2)-f(x_1))+\cdots\cdots$$
$$+(f(x_{n-1})-f(x_{n-2}))+(f(x_n)-f(x_{n-1}))$$
$$= f(x_n)-f(x_0)$$

$$\text{右辺} = g(x_0)\cdot\Delta x + g(x_1)\cdot\Delta x + \cdots\cdots + g(x_{n-1})\cdot\Delta x$$

となり、したがって

$$f(x_n)-f(x_0) = \sum_{i=0}^{n-1} g(x_i)\Delta x$$

という式が得られます。ここで Δx をどんどん薄くし

て行けば、右辺は以前に出てきた $g(x)dx$ を加えたものですから、

$$\int_0^a g(x)dx$$

になり、左辺は $x_n = a$, $x_0 = 0$ ですから、$f(a) - f(0)$ になり、したがって $n \to \infty$ のとき

$$f(a) - f(0) = \int_0^a g(x)dx$$

という式が得られます。ところが、この式はその内容をよく考えてみるとまったく当然な式であることが分かります。というのも、$f(x)$ はこのビーカー内深さ x cm までの食塩量を表わす式でしたから、当然 $f(0)$ は 0 で、$f(a)$ はビーカー内の食塩総量を表わしています。したがって上で求めた式は、

$$f(a) = \int_0^a g(x)dx$$

で、各シャーレ内の食塩の量を加えたものは食塩全体の量であるという、あたりまえの内容をいっているわけです。このあたりまえの式をきちんと整理したものが、微分積分学の基本定理と呼ばれる定理なのです。

§6 微分積分学の基本定理と濃度、速度

　私たちは食塩水の濃度という小学校以来親しんできた問題の中に微分積分学という数学の原型をみつけることができました。そしてニュートン、ライプニッツ

による微分積分学の基本定理にまで到着することができました。もう一度きちんとまとめてみましょう。表1.17でみるように、$f(x)$から$g(x)(=f'(x))$を求める操作を$f(x)$を微分するといい、逆に、$g(x)$から$f(x)$を求める操作を原始関数を求めるといいます。ところで本来〝積分する〟という用語は局所的な食塩量をすべて加えて、全体の食塩量を求めるという手続きをさすのですが、この表で分かるように、今の場合それは濃度を表わす関数$g(x)$に対して、食塩量を表わす関数$f(x)$を求めること、すなわち$f'(x)=g(x)$となるような関数$f(x)$を求めることで実行されます。そこで、$g(x)$から$f(x)$を求める手続きを〝$g(x)$を積分する〟と呼んでいるわけです。

関数	深さxまでの食塩量 $f(x)$	深さxでの濃度 $g(x)$
シャーレ内の食塩量	$f(x+dx)-f(x)$	$g(x)\cdot dx$ 食塩＝濃度×食塩水
濃度	$\dfrac{f(x+dx)-f(x)}{dx}$ 濃度＝食塩÷食塩水	$g(x)$
全食塩量	$f(a)-f(0)$	$\int_0^a g(x)\cdot dx$

（濃度欄へは「微分する」、全食塩量欄へは「積分する 基本定理」）

表1.17

結局、このビーカーの深さbからcまでの食塩総量は、
$$f(b)-f(c) = \int_c^b g(x)dx$$
で与えられ、ここで、$f(x)$と$g(x)$は$f'(x) = g(x)$という関係で結ばれています。これが、微分積分学の基本定理の内容です。ここまでくると、微分と積分が互いに他の逆の関係にあるという内容が、すでに小学校算数の中に、

　　濃度＝食塩 ÷ 食塩水 ⟺ 食塩＝濃度 × 食塩水
　　　　　微分　　　　　　　　　積分

という形でちゃんと入りこんでいたことが分かります。

　以上、濃度について述べてきたことは、他の内包量についても同じように成立します。もう1つの典型的な内包量である速度について、同じ視点から眺めてみましょう。ここでも基本となるのは、

　　速度 ＝ 距離÷時間
　　距離 ＝ 速度×時間

という関係で、前者が微分、後者が積分の芽となります。ところで、上の式で示されている速度は、この時間内に均質に走ったと考えた（すなわち、時間の中でよーくかき廻してしまった）ときの速さです。本当はこの時間内、電車にしろ自動車にしろ不均質に動いています。そこで、今度は出発してからt時間後の移動距離を$f(t)$とし、時間を厚さdtのシャーレに区切っ

て、その中では均質に、すなわち等速で動いたと考えれば、t での速度は、dt 時間内の移動距離が、

$f(t+dt)-f(t)$

ですから、速度 $g(t)$ は、

$$g(t) = \frac{f(t+dt)-f(t)}{dt} = \lim_{\Delta t \to 0}\frac{f(t+\Delta t)-f(t)}{\Delta t}$$

で表わされ、すなわち $f'(t) = g(t)$ で、移動距離 $f(t)$ を時間 t で微分したものが、時刻 t における速度になります。したがって、前と同様に $g(t)dt$ が dt 時間内における移動距離ですから、これらをすべてのシャーレ dt について加えたものが、全移動距離となります。

特に時刻 a から時刻 b までに動いた距離は $\int_a^b g(t)dt$ で与えられますが、これは出発してから b までに動いた距離から、出発してから a までに動いた距離を引けば求まります。すなわち、

$$f(b)-f(a) = \int_a^b g(t)dt, \qquad g(t) = f'(t)$$

という基本定理が得られます。

以上のことをグラフに図示してみましょう（図1.18）。

速度 $g(t)$ が一定であれば、時刻 a から時間 b までに動いた距離は、速度を c として

$c(b-a) = cb-ca$

図 1.18

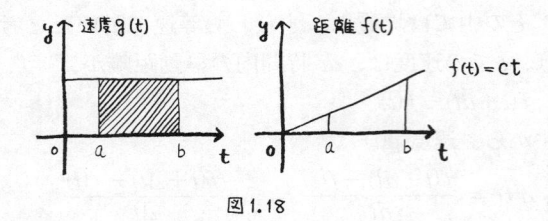

で、これは上図の長方形の面積として示されます。ここで移動距離を $f(t)$ とすると、

　　距離 = 速度×時間

より

　　$f(t) = ct$　　　（c は定数）

となります。したがってこの場合は、

　　$f'(t) = g(t) = c$　　　（一定）

となっています。速度が一定なら距離は時間に正比例するし、距離が時間に正比例しているなら速度は一定であるというのは、よく知られた事実でしょう。その数学的根拠が、上の式で与えられています。

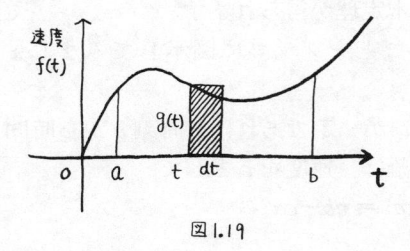

図 1.19

一般の場合、速度は一定でなく時間 t によって変化し、$g(t)$ で与えられます（図1.19）。時刻 t から dt 秒間の間の移動距離は、t での速さが $g(t)$ で、dt 秒の間は常にこの速度で動いたと考えれば、再び、

　　移動距離 ＝ 速度×時間

より、

　　移動距離 ＝ $g(t)dt$

となりますが、これは図1.19の長方形の面積に他なりません。すなわち dt 秒間（無限に短い間！）では速度一定と考えて前の例がそのまま使えます。したがって、a 秒後から b 秒後までの移動距離はこれを a から b まで加えればよく、

　　a 秒後から b 秒後までの移動距離 ＝ $\int_a^b g(t)dt$

となりますが、移動距離を表わす関数を $f(t)$ とすれば、

$$f'(t) = g(t) \quad かつ \quad f(b)-f(a) = \int_a^b g(t)dt$$

となり、これが基本定理の距離と速度による表現となります。

§7 その後の微分積分学

さて、ここまで、濃度や速度という概念を用いて、小学校算数の中に微分積分学という数学の故郷を訪ね

てみました。その中に内包量の2つの用法として、微分と積分が互いに他の逆であるという関係が潜んでいました。さらにその関係をよく調べてみれば、それは、掛け算と割り算が互いに逆の関係にあるということの発展であることが分かると思います。もしも、自然がすべて均質であるなら（よくかき廻してあるなら）、割り算で単位当たりの量を求めることができ、逆に、単位当たりの量を知ることによって、掛け算で全体の量を知ることができる。しかし、自然は必ずしも均質ではない（かき廻していないコーヒーのようなもの）。そこで、全体の様子を毀さないように、ほんの少しの部分（dxやdt）だけを取り出して、かき廻して均質化し（たと考え）て、割り算で単位当たり量を求める。これが微分です。一方、そのほんの少しの部分では、単位当たりの量から掛け算で($g(x)dx$や$g(t)dt$)全体の量を知ることができ、それらをすべて加えて（$\int_a^b g(x)dx$や$\int_a^b g(t)dt$全体の量を求めることができる。これが積分です。さらに、もし濃度$g(t)$に対して食塩量を表わす関数$f(t)$が、速度$g(t)$に対して移動距離を表わす関数$f(t)$がそれぞれ分かったとすると、いずれも、

$$\int_a^b g(x)dt = f(b)-f(a)$$

で全体の量が求まり、$f(x)$と$g(x)$の間には、

$$f'(x) = g(x)$$
という関係がある（この $f(x)$ を $g(x)$ の原始関数といいます）。これが微分積分学の基本定理の内容です。

さて、以上で微分積分学という数学の骨格を説明しましたが、これをきちんとした数学として展開するためには、形式的な部分を整備して、計算技術的な側面も用意しておかなければなりません、このために高校や大学初年級の数学では、次のようなことを学ぶわけです。

1. 無限に薄いシャーレ dx や無限に短い時間 dt というものを、数学ではどう扱うのか、すなわち極限という概念の明確化。

2. 微分（$f(x)$ から $g(x) = f'(x)$ を求める）という演算のもつ性質を調べて、具体的な関数についてその導関数が求められるようにする。

3. 積分（$g(x) = f'(x)$ から $f(x)$ を求める）という演算のもつ性質を調べて、具体的な関数についてその原始関数が求められるようにする。

4. 微分積分学の応用と発展。

これらのうち 2、3 の微分積分の計算については、初等的な関数なら容易に求めることができます。特に多項式については、ほんの少しの公式だけで計算することができます。ただ、割り算が掛け算に比べてむずかしく、特に整数どうしの割り算であっても割り切れ

ない場合があるように、微分積分学では逆に、積分は微分に比べてむずかしく、比較的簡単な関数であっても、その原始関数が求まらないものがいくつもあることに注意しておきましょう。

　一方1についてはいろいろと厄介な問題があります。これは数の性質とも絡んで、大学初年級の学生たちを悩ませてきた問題です。実際、無限についての形式的な議論をしようとすれば、避けては通れないのですが、〝どんどん近づく、どんどん薄くなる、いくらでも短い時間〟で感覚的に済ませようとすれば済ませられる問題でもあります。次章は、この無限の感覚を小学校の算数の中に問い直してみたいと思います。

第2章　算数のなかの無限

§1　無限への旅立ち

かつて、数学とは無限を扱う学問である、あるいは算数と数学の違いは無限を扱うかどうかである、といった言葉が聞かれたことがあります。

確かに、高校に入ると、微分積分学という名前のもとで、直接的に無限を取り扱うことが始まります。lim や極限という記号や言葉も登場します。

　　x がどんどん大きくなる　($x \to \infty$)

あるいは、

　　x がいくらでも a に近づくとき、$f(x)$ がいくらでも $f(a)$ に近づく　$(\lim_{x \to a} f(x) = f(a))$

という言い方も、初めて学んだときには、いかにも高等数学という雰囲気で、何か急に偉くなったような気がしたものでした。

ところが、微分積分学が始まってしばらくすると、どうしたことか、lim も極限も姿を隠してしまい、$(x^2)' = 2x$ とか $(\sin x)' = \cos x$ とか $(e^x)' = e^x$ とかいう公式だけが大手を振って歩き廻るようになります。lim や極限はもちろんこれらの公式の背後にちゃんと

生き続けているのですが、初めての頃はそんなこともよく分からないものですから、ただひたすらに計算を追いかけてみたりします。

ところが、大学初年級になって、いったん姿を隠していたと思った極限が、突然姿を現わすのです。しかも極限は私たちが公式の計算に明け暮れしていた間に、巨大な怪物に変身していました。ε-δ（エプシロン－デルタ）論法、これがその怪物の名前です。いや、本当はε-δ論法というのは、極限という怪物を手なづけるための重要な方法の名前なのですが、何といっても、その扱い方そのものがとても難解だったため、自分自身が怪物の代名詞になってしまったのでした。

この章ではε-δ論法というものが、どのような方法なのかを調べてみたいと思います。そのための手掛かりとして、小学校や中学校で学ぶ数学の中にどのような形をとって無限が入りこんでいるのか、ちょっと探険をしてみたいと思います。名付けて「無限観察探険隊」というわけです。

数はいくらでも大きくなれる。これが私たちが初めて出会う数学での無限の姿です。次のような小話を聞いた人があるかも知れません。2人の貴族が賭をしました。大きい数を言った方が勝ちです。1人がしばらく考えた末に言いました。

「3」

もう1人は考えこんでしまい、しばらくして言いました。
「君の勝ちだ」
　この笑い話を聞いて、なんと愚かな2人だ、と笑うことは簡単です。私たちは数はいくらでも大きくなれるということを知っているからです。つまり、この勝負は後手の必勝ということです。しかし、
　　「君の言った数＋1」
という手を禁じて、ちゃんと数詞を言わなければならないというルールのもとで、2人の小学生がこの勝負をすれば、先手が勝つかも知れません。兆という数詞までしか知らない2人にとって、
　　　9999999999999999
という数は言葉で言える最大の数です。今どきの子供たちは「無量大数」などという数詞を知っていることもあります。けれども、これは同じことで、やはり相手に先に最大の数詞まで言われてしまえば、後手は負けてしまいます。
　しかし、ちょっと考えれば分かりますが、これは数はいくらでも大きくなるという基本的な原理、すなわち、自然数は1（または0）から出発して、次々に前の数に1を加えて作られていく、
　　$1,\ 1+1,\ (1+1)+1,\ \cdots\cdots,\ n,\ n+1,\ \cdots\cdots$
ということとは無関係な、ただ単に数詞を知っている

かどうかという知識の問題にすぎません。つまり、ここでは、自然数は順に前の数に1を加えて作られていくという構造をもつという原理、すなわち、自然数の構造の理解のほうがずっと大切です。そして、これが私たちが出会う無限感覚第一歩に他なりません。これをまとめたものをアルキメデスの原理といいます（理科のほうでも浮力に関するアルキメデスの原理というのがありますが、それと直接の関係はありません）。

アルキメデスの原理

数学用語版：任意の正数 G に対して、

$$G < n$$

となる自然数 n が存在する。

日常用語版：数はいくらでも大きくなれる。

アルキメデスの原理は次の形で述べられることも多いので、それも書いておきましょう。

アルキメデスの原理（Ver. II）

任意の2つの（正の）量 a、b に対して

$a < nb$

となる自然数 n が存在する。

2つのアルキメデスの原理が同値であることは簡単に証明できます。特に Ver. II のほうは「塵も積もれば山となる」ということわざの数学版で、かずわざと

でもいうとおもしろいかも知れません。私たちは無意識のうちにこの原理を用いて、いろいろな量の比較をしているはずです。試しに、どこでこの原理が用いられていたのかを、小・中学校の教科書の中から拾い出してみるとおもしろいと思います。

この原理を裏返したものが、1, 1/2, 1/3, ……, 1/n はいくらでも小さくなる、という事実です。この 1, 2, 3, …… はいくらでも大きくなる、また、1, 1/2, 1/3, …… はいくらでも小さくなる、という2つの事実（あるいは原理）が、今後無限を取り扱っていく上での、最も基本的なイメージです。

こうして、そのプロトタイプだけを取り出してみると、それは別に難解でも何でもなく、小学生の数感覚の中にちゃんと備わっていると考えていいと思います。

§2　$0.\dot{9} = 1$?

小学生や中学生を悩ませる、あるいはそれを質問された大人をも悩ませる問題があります。

すべての分数 $\dfrac{a}{b}$ は $a \div b$ を実行することによって小数に直すことができます。たとえば、

$$\frac{1}{4} = 1 \div 4 = 0.25$$

のように a が b で割り切れるならば、$\dfrac{a}{b}$ は有限の小

数となります。ところが a が b で割り切れない場合は
$$1/7 = 1 \div 7 = 0.142857142857\cdots\cdots$$
のような循環小数となることもよく知られています。a が b で割り切れない場合、なぜ循環小数となるのかは、次のような理由によります。

定理 $\dfrac{a}{b}$ で a が b で割り切れない場合、$\dfrac{a}{b}$ は必ず循環小数となり、その循環節の長さは $b-1$ を越えない。

［証明］ 整数 a, b（簡単のため、a, $b>0$ としておいてよい）に対して、
$$a = pb+r$$
となる整数 p, r があり、$0 \leqq r \leqq b-1$ となる。これは a を b で割った商を p、余りを r とすればよい。ここで余り r は必ず $0 \leqq r \leqq b-1$ となることに注意しよう（よく、小学校では $a \div b = p \cdots r$ と書くことがありますが、これはあまり感心した式ではありません。上のように表わすか、たての計算式で表わすべきでしょう）。

さて、$a \div b$ を実行すると、余りは 0, 1, 2, ……, $b-1$ の b 通りであるから、割り切れない場合は、余りは 1, 2, ……, $b-1$ の $b-1$ 通りとなり、したがって少なくとも b 回の割り算で同じ余りをもつ場合が現われ、それ以下の割り算は循環する。　　　［証明終］

たとえば 3/7 は、

```
          0.428571
       ─────────────
    7 )  30
         28
       ─────
         20
         14
       ─────
          60
          56
        ─────
           40
           35
         ─────
            50
            49
          ─────
             10
              7
            ───
              3
```

となり、余り 3 は最初の 3 と同じですから、以下は繰り返しとなります。

ところで、この計算を $\frac{1}{3}$ にあてはめると、

$$\frac{1}{3} = 1 \div 3 = 0.3333\cdots\cdots = 0.\dot{3}$$

となりますが、この式の両辺を 3 倍すると、

$$1 = 0.9999\cdots\cdots = 0.\dot{9}$$

となり、少々奇妙な感じがします。0 のあとに 9 が無限個続く数が 1 ？　ここまでくると、$1/3 = 0.\dot{3}$ をなんとなく納得していた子供たちも、その納得の根拠をゆさぶられて、元の式 $1/3 = 0.\dot{3}$ も疑ってみたくなる

のも当然でしょう。いくら9が続くといってもやはり1とはほんのちょっと違うのではないか、これは当然の疑問です。手品の種はどこにあるのでしょう。

手品の種は等号 = の意味の拡大解釈にあります。私たちは小学校以来等号を天秤のイメージで捉えてきました（図2.1）。

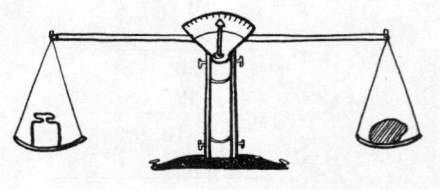

図2.1

天秤のイメージは等号の性質を非常にうまく表わしています。移項、あるいは等式の両辺を何倍かしても釣り合いがとれている、という等式の性質はすべて天秤のイメージで見事に説明されますし、これらの性質を用いて方程式を解くことができます。

では分数を循環小数で表わした式

$a/b = 0.\dot{a}_1 a_2 \cdots \dot{a}_n$

の等号はどのように考えればよいのでしょう。天秤の右辺には無限の何がのっているのでしょうか。

これは級数の和という考えによって説明されます。すなわち、

$0.\dot{3} = 0.3333\cdots$

とは、

$$0.3+0.03+0.003+0.0003+\cdots\cdots$$

という無限個の足し算を略記したものと約束するわけです。この式を無限級数の和といいます。そして、無限の足し算を次のように考えます。

いま、級数

$a_1+a_2+a_3+\cdots\cdots$

の和を次のように決めます。

$S_n = a_1+a_2+\cdots\cdots+a_n$

を初めの n 個の数の和とします。これは有限個の和ですから、普通の足し算で求まります。すると、

$S_1, S_2, S_3, \cdots\cdots, S_n, \cdots\cdots$

という和の列ができます。この和がある一定の数にどんどん近づくとき、その値 S を $a_1+a_2+a_3+\cdots\cdots$ の和といい、

$S = a_1+a_2+a_3+\cdots\cdots$

と書くのです。したがってこの等号は、右辺の和がこの意味で S にいくらでも近づいていくことを示しています。ですから、これは天秤のイメージというよりもう少し動的なイメージです。

ではこの意味で

$1 = 0.\dot{9}$

を考えると、どうなるのでしょうか。

この式はさっきの約束で

0.9, 0.99, 0.999, ……

という数がいくらでも 1 に近づいていくことを表わしているわけですが、さて、いくらでも近づく、とはどういうことなのでしょうか。いくらでも近づく、こう言われて、何となく分かった気になれるでしょうか。もし「うん、何となく分かった。ようするに、いくらでも近づくことなんだ」と言われるなら（おそらく大多数の人は、このように、感覚的に理解できるのだろうと思うのですが、いかがですか）、それはそれで十分な理解だと思います。しかし、ここに少々理屈っぽい人 Z 君がいて、このような感覚的な理解を拒否して、本当にいくらでも近づけることを示せ、といわれたらどうしますか。

ここで、この章の最初に出てきた、大きい数を言い合うゲームを思い出してください。あそこで大切だったのは、このゲームが原理的には後手必勝だったということです。後手必勝、これがアルキメデスの原理です。すなわち、数詞、兆とか京とか無量大数とかを知っているかどうかは少しも本質的ではなく、相手の言った数 +1 というゲームの禁じ手こそが、数がいくらでも大きくなれるということの本質だったのです。

いくらでもという考えが、もうそこには現われています。これを Z 君を説得するために使えないでしょうか。この説得術のことを数学では ε-δ 論法というの

です。

　この術ではZ君に先手番になってもらいましょう。先手のZ君は 0.9, 0.99, 0.999, …… がいくらでも1に近づくということを疑っています。そこでZ君は 0.001 という数をとり、0.9, 0.99, …… は 1−0.001 より1に近づくことはできないと言いました。しかし、後手番である私たちは、Z君の手を簡単に破ることができます。すなわち、確かに 0.9 と 0.99, 0.999 は 1−0.001 より1に近づいていませんが、それより先 0.9999, 0.99999, …… はすべて

　　$1-0.001 < 0.9999,\ 0.99999 < 1$

となっていて、Z君の作った 1−0.001 というバリアーを越えて1に近づいています（図2.2）。

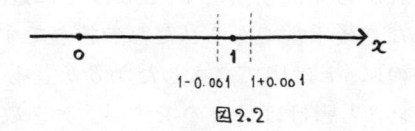

```
├──────●─────────┊─┊────────→ x
        0        1-0.001 1+0.001
                    1
              図2.2
```

　一般に、先手番のZ君が非常に小さい正の数 ε を使って、$1-\varepsilon$ というバリアーを作るという手を打ったとしましょう。このゲームは待ったなしですから（ゲームはすべて待ったなしです！）、Z君はこの ε を動かすことはできません。

　さて、前に出てきたアルキメデスの原理によって、ε がどんなに小さくても、すなわち $1/\varepsilon$ がどんなに大

きくても、

$$\frac{1}{\varepsilon} < a$$

となる自然数 a があります。a が n 桁の数であればもちろん $a < 10^n$ ですから、$1/\varepsilon < 10^n$ となる n があります。したがって、

$1/10^n < \varepsilon$

$\therefore \quad 1-\varepsilon < 1-1/10^n = \overbrace{0.99\cdots\cdots 9}^{n桁}$

すなわち、

$$0.9, \ 0.99, \ \cdots\cdots, \ \overbrace{0.99\cdots\cdots 9}^{n-1}$$

までは Z 君の言う通り $1-\varepsilon$ より 1 に近づけないのですが、それから先はすべて $1-\varepsilon$ より 1 に近づいていることになり後手番である私たちの勝ちです(ε-δ 論法というのに、ε は出てきましたが δ が登場していません。n を δ と書けばいいのですが、ケタ数なので δ を用いませんでした)。

このように循環小数 $0.\dot{9}$ をきちんと理解するためには、どうしても無限個の数を足すとはどういうことかという級数の和の理解が必要であり、さらに級数の和とは何かを理解するためには、数学的な手続きとしては Z 君を論破したような ε-δ 論法というものが必要となるわけです。

しかし、この ε-δ 論法もどんどん遡って考えると、結局「アルキメデスの原理」、すなわち、1, 2, 3, …… という数はいくらでも大きくなるという原理に行きつき、この原理「相手がどんな大きな数を言っても、君の言った数プラス1、と言えば後手の勝ち」は、すでに小学校の算数の中にその芽をもっているのです。すなわち、実際に ε-δ 論法を使用するかどうかを抜きにすれば、そのメカニズムそのものは小学生にも分かるものなのです。

ところで、この ε-δ 論法なるものを目で見るわけにはいかないでしょうか。次に ε-δ 論法を目で見てみましょう。

§3 目で見る ε-δ 論法、正方形のパッキング

高等学校で等比数列の和の公式を学んでいる人は、

$$1+r+r^2+r^3+\cdots\cdots+r^{n-1} = \frac{1-r^n}{1-r}$$

という公式を覚えていると思います。分母を払った形の式は公式としては扱わなかったかも知れませんが、

$$1-r^n = (1-r)(1+r+r^2+\cdots\cdots+r^{n-1})$$

として記憶していると便利なことがあります。多分、

$$a^3-b^3 = (a-b)(a^2+ab+b^2)$$

の形でなら、公式として出てきたのではないでしょうか。

さて、
$$1+r+r^2+\cdots\cdots+r^{n-1}=\frac{1-r^n}{1-r}$$
において、$-1<r<1$とします。このとき、r^nはnをどんどん大きくすると、どのように振舞うでしょうか。明らかにnを大きくすればr^nはどんどん0に近づくようです。再び理屈好きなZ君に登場してもらい、これを確かめましょう。簡単のため$0<r<1$としておきます。

さて、先手番のZ君が$\varepsilon(>0)$という手を打ちました。r^nをこれより小さくできるか、という挑戦です。勝てるでしょうか。最初ですから少し慎重に、丁寧に対応してみましょう。私たちは

$r^n<\varepsilon$

となる数nを探せばいいわけです。この式が成り立ったとして両辺の対数をとって、

$n\log r<\log\varepsilon$

$0<r<1$ですから、$\log r<0$、したがって、両辺を$\log r$で割ると、

$$n>\frac{\log\varepsilon}{\log r}$$

となります。

したがって、$\log\varepsilon/\log r=G$とおくと、アルキメデスの原理によって、

$$n > G$$
となる n が見つかり、この n について、
$$r^n < \varepsilon$$
が成り立ちます。ところで、$0 < r < 1$ でしたから、
$$r^{n+1} < r^n$$
となり、したがってこの n より大きいすべての m について、
$$r^m < \varepsilon$$
が成り立ち、無事後手の私たちが勝つことができました。

したがって、$r^n \to 0$ $(n \to \infty)$ ですから、
$$\frac{1-r^n}{1-r} \to \frac{1}{1-r}$$
となり、無限級数の和の公式
$$1+r+r^2+\cdots\cdots = \frac{1}{1-r}$$
が得られます。

特に、最初の数を a とすると、
$$a+ar+ar^2+ar^3+\cdots\cdots = \frac{a}{1-r}$$
ですが、これを次のように図解してみましょう（『数学セミナー』の1989年3月号の表紙「旅館の間取り考」何森仁による）。

(1) $a = r = 1/2$

$$\frac{1}{2}+\frac{1}{4}+\frac{1}{8}+\frac{1}{16}+\cdots\cdots=\frac{\dfrac{1}{2}}{1-\dfrac{1}{2}}=1$$

つまり、半分ずつとっていくと無限回の動作の果て（!）に、全体が取り尽くされてしまうということですが、これはε-δ論法でいうと、$\varepsilon>0$ が与えられたとき、面積1の正方形のとり残された部分の面積を ε 以下にできるか、ということです。

図2.3をごらんください。1辺1の正方形の面積は1ですから、それを半分ずつ切りとっていくことによって、この操作が表わされています。右上隅に向かって残りはどんどん小さくなっていくのが見えますか。これは、遠い昔、ギリシア時代にＺ君の先祖である有名な哲学者が考えたパラドックスを目に見えるようにしたものです。

(2) $a = r = 1/3$

$$\frac{1}{3}+\frac{1}{9}+\frac{1}{27}+\cdots\cdots=\frac{\dfrac{1}{3}}{1-\dfrac{1}{3}}=\frac{1}{2}$$

です。この図2.4で斜線を引いた部分が、全体の1/2となっていることが見えると思います。

(3) 一般に $a = r = \dfrac{1}{n}$ のときの図を描いて、

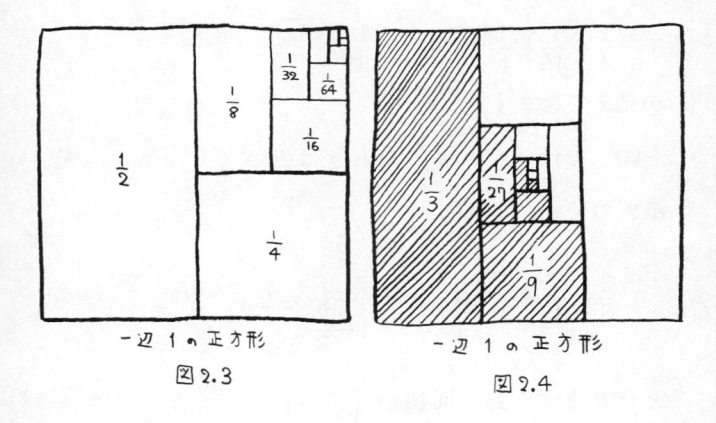

第2章 算数のなかの無限 65

図2.3 （一辺 1 の正方形）

図2.4 （一辺 1 の正方形）

$$\frac{1}{n}+\frac{1}{n^2}+\frac{1}{n^3}+\cdots\cdots=\frac{1}{n-1}$$

となることを確かめてください。これを用いると4等分を繰り返して3等分できるというおもしろい結果も得られます。1つだけ図解しておきましょう（図2.5）。この図をよく眺めていると

図2.5

$$\frac{1}{4}+\frac{1}{4^2}+\frac{1}{4^3}+\cdots\cdots=\frac{1}{3}$$

が見えてきます。

(4) では $a=r=\frac{2}{3}$ のときはどうでしょうか。先ほどの公式によれば、

$$\frac{2}{3}+\frac{2^2}{3^2}+\frac{2^3}{3^3}+\cdots\cdots=\frac{\frac{2}{3}}{1-\frac{2}{3}}=2$$

となりますから、面積が $\frac{2}{3}$ のタイル、$\frac{4}{9}$ のタイル、$\frac{8}{27}$ のタイル、……をうまくパックすると、ちょうど面積が2のタイルの中に収まるはずです。

これはちょっとしたパズルですが、もちろん、無限個のタイルを用意するわけにはいかないので、具体的にこのパズルを製作することは、残念ながらできません。しかし、頭の中でこのパッキングを実行することはできそうです。しばらくいろいろな図を描いて考察してみてください。

このパッキングはあまりデタラメに行なうとむずかしそうです。

$2/3 = 1/3 \times 2$, $2^2/3^2 = 2/3^2 \times 2$,
$2^3/3^3 = 4/3^3 \times 2$, ……

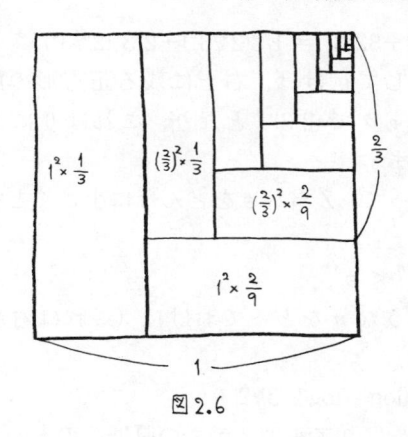

図2.6

と分解して、

$$1/3 + 2/3^2 + 4/3^3 + 8/3^4 + \cdots\cdots$$

を面積1のタイルにパックすることを考えます。

1辺の長さ1の正方形タイルの中に $1/3+2/9$ のタイルをL字形にパックします（図2.6）。右上に正方形の部分が残りますが、その1辺の長さは $2/3$ です。この面積 $2^2/3^2$ の正方形の中に $4/3^3+8/3^4$ のタイルをパックしますが、

$$4/3^3 = 1/3 \times 2^2/3^2, \quad 8/3^4 = 2/3^2 \times 2^2/3^2$$

に注意すれば、これはちょうど、1辺 $2/3$ の正方形の左下側に、先ほどと同じようにL字形にパックでき、再び右上に正方形の部分が残り、その面積は $(2/3)^4$ です。あとは同様に、この正方形の中にL字形に

$$16/3^5 + 32/3^6 = 1/3(2^4/3^4) + 2/3^2(2^4/3^4)$$

をパックして行けば、右上に残る正方形の面積は n 回目のパックで $(2/3)^{2n}$ となり、これは 0 にどんどん近くなります。

したがって、Z 君が ε をどんなに小さくとったとしても、

$$(2/3)^{2n} < \varepsilon$$

となるような n をとっておけば（これは対数を用いれば、

$$n > (\log \varepsilon / \log 2/3)/2$$

となり、やはりアルキメデスの原理そのものです）、

$$1/3 + 2/3^2 + 2^2/3^3 + \cdots\cdots + 2^{n-1}/3^n$$

と 1 との違いは ε より小さくなって、

$$1/3 + 2/3^2 + 2^2/3^3 + 2^3/3^4 + \cdots\cdots = 1$$

となることが分かります。したがって、これを左右ではりあわせると、

$$2/3 + 2^2/3^2 + 2^3/3^3 + 2^4/3^4 + \cdots\cdots = 2$$

となります（図2.7）。

ε-δ 論法で示される無限個の足し算の和がつねにこんなふうにタイルのパッキングで示されるとは限りませんが、

$$\frac{3}{4} + \frac{3^2}{4^2} + \frac{3^3}{4^3} + \frac{3^4}{4^4} + \cdots\cdots$$

などは、同じ方法で 3 になることが図示できます。

この形のパッキングも可能

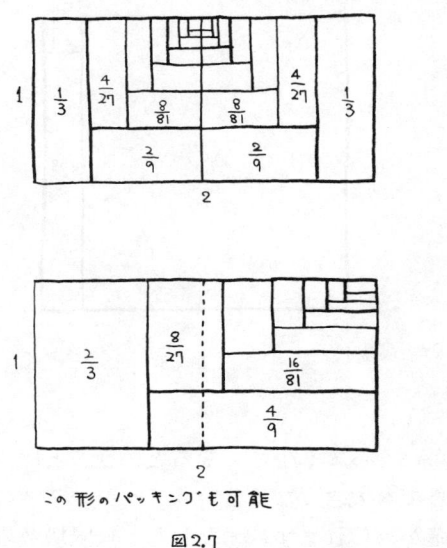

図2.7

一般に、
$$\frac{1}{n+1}+\frac{n}{(n+1)^2}+\frac{n^2}{(n+1)^3}+\cdots\cdots$$
が、面積1のタイルにちょうど詰め込むことができることも示されます。

このようにタイル・パッキングの形で無限の和を表わしてみると、ε-δ論法とは、結局タイルをパックしていくとき、残った部分はいくらでも小さくできるということを示す方法に他なりません。そして、残った

図2.8

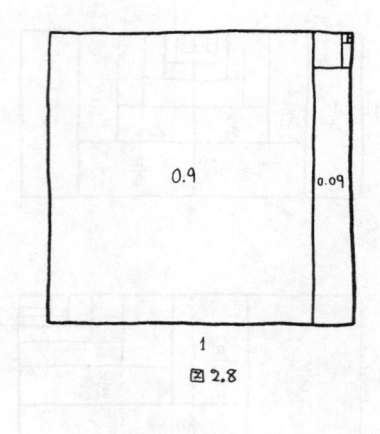

部分がいくらでも小さくなるということは、自然数はいくらでも大きくなるというアルキメデスの原理によって確かめられます。すなわち、無限級数の和の問題もやはり小学校の算数の中にちゃんとインプットされていたのです。

では、最後に、正方形へのパッキングの形で、
$$1 = 0.\dot{9} = 0.9 + 0.09 + 0.009 + \cdots\cdots$$
を図解しておきましょう（図2.8）。これで $1 = 0.\dot{9}$ について納得がいったでしょうか。

§4 無理数という無限

前節で見たように、小学校や中学校の算数・数学の中にも無限という怪物はちゃんと棲んでいるのです。

とくに、循環小数の形で現われる無限は、$1 = 0.\dot{9}$ という一見奇妙な、パラドックスめいた式を導いてしまうという現象もありました。

無限といえば、もう1つポピュラーな話題は循環しない無限小数、すなわち無理数についてでしょう。

中学校に入ると根号を用いた数として、$\sqrt{2}$, $\sqrt{3}$ などが登場します。それぞれ2乗すると2や3になる正の数を $\sqrt{2}$, $\sqrt{3}$ と書いています。すなわち、$\sqrt{2}$ は $x^2-2=0$ の正の解、$\sqrt{3}$ は $x^2-3=0$ の正の解です。

ところで、$\sqrt{2}$ という記号は、2乗して2になる正の数を表わすために導入されました。すなわち、それまでに知られている記号で表わされる数、つまり分数の中には2乗して2となる数はないのです。したがって、$\sqrt{2}$ や $\sqrt{3}$ は分数では表わせない数で、このように分数（＝整数/整数）で表わせない数のことを無理数といいました。

$\sqrt{2}$ が無理数となることの証明はよく知られています。

定理 $\sqrt{2}$ は無理数である。

［証明］ $\sqrt{2}$ が無理数でないと仮定する。

∴ $\sqrt{2} = \dfrac{q}{p}$ となる整数 p, q がある。

p, q は共通の約数をもたないとしてよい。

$$\therefore \quad \sqrt{2} = \frac{q}{p} \quad (p, q \text{ は互いに素})$$

両辺 2 乗して、$2 = q^2/p^2$

$$\therefore \quad 2p^2 = q^2$$

すなわち、q^2 は偶数である。2 乗して偶数となるのは偶数だから、q は偶数である。

$$\therefore \quad q = 2r \text{ とおける。}$$

$$\therefore \quad q^2 = 4r^2$$

すなわち、$2p^2 = 4r^2$

$$\therefore \quad p^2 = 2r^2$$

よって p^2 は偶数、すなわち p も偶数となり、p, q が互いに素であることに反する。　　　　［証明終］

 これが標準的な証明ですが、少々もって廻ったという感じがしないでもありません。$\sqrt{2}$ が有限小数とならないことは、$1^2, 2^2, 3^2, \ldots\ldots, 9^2$ の末尾が 0 にならないことから簡単に分かりますが、循環小数とならないことの簡単な証明はないようです。素因数分解の一意性を用いたエレガントな証明もあります。ここでは、図を用いて $\sqrt{2}$ が無理数となることを示してみたいと思います。そのため、ちょっと寄り道をしましょう。

 分数といえば小学校以来馴れ親しんできた数の1つです。ところが、ちょっと振り返って考えてみるとすぐ分かることですが、複雑な分数、たとえば355/113

のようなものは日常生活で実際に用いられることはほとんどありません。私たちが普段使う分数は、1/2、1/3、1/4などというシンプルな分数ばかりです。これらの分数は半分、3等分、4半分などという形で私たちの日常生活の中にごく自然に入ってきています。しかし、ちょっと複雑な分数、5/3のようなものでさえ、私たちの日常生活とは縁遠いものとなっています。

さて、この5/3という分数を例にとって、分数のもつ意味の1つを考えてみましょう。5/3の意味にはさまざまなものがありますが、その1つに、5/3は3を単位（の長さ）としたとき、5はどれくらい（の長さ）かを表わす、というものがあります。

$$\frac{5}{3} = 1 + \frac{2}{3}$$

ですから、3を単位とすると5は1個と少し（2/3）ということになります。この「少し」というのはどれくらいでしょうか。

$$\frac{5}{3} = 1 + \frac{2}{3} = 1 + \frac{1}{\frac{3}{2}} = 1 + \frac{1}{1 + \frac{1}{2}}$$

と変形してみると、少し、すなわち2/3は次のように考えられます。2は、3を単位として5を測ったときの余りである。では、その余りを単位として3を測ってみると1と少々余る。すなわち

$$\frac{3}{2} = 1 + \frac{1}{2}$$

そして、その余り1はちょうど2個で単位となる。

この操作を図解すると次のようになります。

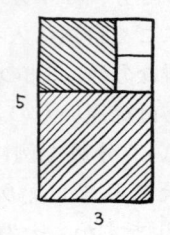

図 2.9

また、この操作を一般に式で表わすと次のようになります。

$\frac{m}{n}$ に対して

$m = p_1 n + q_1, \quad 0 \leqq q_1 \leqq n-1$

$n = p_2 q_1 + q_2, \quad 0 \leqq q_2 \leqq q_1 - 1$

$\vdots$

$q_{s-1} = p_{s+1} q_s + q_{s+1}, \quad 0 \leqq q_{s+1} \leqq q_s - 1$

このとき、$q_1 > q_2 > \cdots\cdots > q_{s+1} \geqq 0$ ですから、有限回のステップで必ず $q_{s+1} = 0$ となります（無限に小さくなっていく自然数の列は存在しません）。このとき、分数 m/n は次のような表示で示されます。

$$\frac{m}{n} = p_1 + \cfrac{1}{p_2 + \cfrac{1}{p_3 + \cfrac{1}{\begin{array}{c}\cdots\cdots\\[-2pt] p_s + \cfrac{1}{P_{s+1}}\end{array}}}}$$

これを分数 m/n の連分数表示といい、p_1, p_2, ……を決定していった操作をユークリッドの互除法といいます。

逆に連分数で表わされる数は下から順に計算していけば、1つの分数で表わされることは明らかですから、次の定理が成立します。

定理 数 x が有理数である

$\iff$ x は有限連分数で示される。

この有理数の連分数による表示は、実行してみるとなかなか興味深いものがあります。

さて、大分前おきが長くなりました。以上の考察から、無理数とは有限連分数で表わせない数ということが分かります。

これを用いて、$\sqrt{2}$ がどうしても有限連分数では表わせないことを図解してみましょう(図2.10)。実際このアイデアを実行してみるとすぐ分かることなのですが、$\sqrt{2}$ より $1+\sqrt{2}$ という数の方が美しい性質をもっていることが分かりますので、ここでは $1+\sqrt{2}$ につ

図2.10

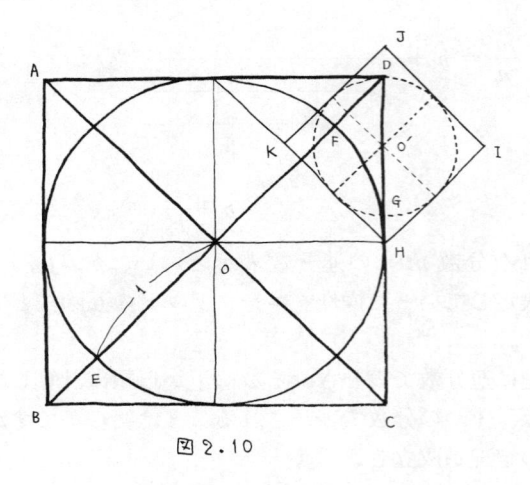

いて考えます。

半径1の円に外接する正方形 ABCD を考えて、対角線 BD と円との交点を E, F とします。DE の長さが $1+\sqrt{2}$ ですが、今 DE $= x$ として、1を単位として x の長さを測ってみましょう。図2.10で分かるように1は2つとれて、DF が余ります。次に DF を単位として1を測ってみます。再び2つとれて、GH が余ります。ところが、正方形 HIJK と円 O' との関係は元の正方形 ABCD と円 O との関係と相似です。したがって、次に GH を単位として DF を測ると同じ状態となり、つねに2つとれて半端がでることが繰り返され

第2章　算数のなかの無限　77

ます。

すなわち、

$$1+\sqrt{2} = 2+\cfrac{1}{2+\cfrac{1}{2+\cfrac{1}{2+\cfrac{1}{2+\cdots\cdots}}}}$$

という無限連分数表示が得られます。両辺から1を引けば、

$$\sqrt{2} = 1+\cfrac{1}{2+\cfrac{1}{2+\cfrac{1}{2+\cdots\cdots}}}$$

となり、確かに$\sqrt{2}$は無限連分数で表わせます。

$\sqrt{2}$を無限小数で表わすと、$\sqrt{2} = 1.41421356\cdots\cdots$となり循環しない無限小数となりますが、同じ$\sqrt{2}$を連分数表示すると実に見事な規則性が現われるのは、ちょっと不思議な気がします。すなわち、数xの小数表示が循環しないということと、数xの別の表示の規則性がないということは同じではないのです。

ここまでくると、〝最も簡単〟な無理数として、次の表示で示される無理数が考えられます。

$$\varphi = 1+\cfrac{1}{1+\cfrac{1}{1+\cfrac{1}{1+\cdots\cdots}}}$$

φ はどのような数でしょうか。

表示の形から、

$$\varphi = 1 + \frac{1}{\varphi}$$

が成り立つことが分かります。したがって、

$$\varphi^2 - \varphi - 1 = 0$$
$$\varphi = \frac{1 \pm \sqrt{5}}{2}$$

となりますが、$\varphi > 0$ より、$\varphi = \frac{1+\sqrt{5}}{2}$ となります。

実は、この無理数がユークリッドの互除法に関しては最も単純に振舞う無理数で、φ のことを黄金比とい

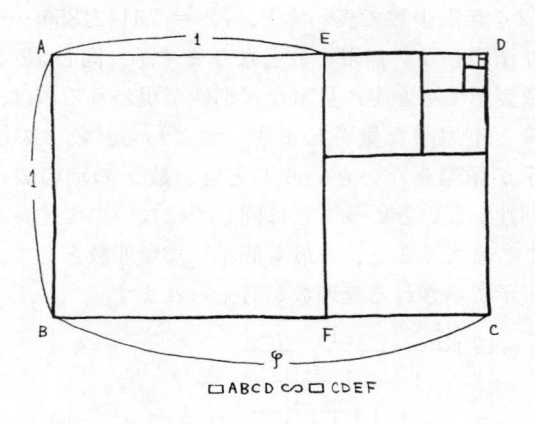

□ABCD ∽ □CDEF

図 2.11

います。互除法の成り立ちを基にして、φ を図示すれば、図2.11のようになります。この長方形の 2 辺の比は、昔から大変に調和のとれた美しい比として、たくさんの美術作品の中に使われてきました。たとえば、パルテノンの神殿の縦横の比は黄金比になっているようです。

また、以上のことから次のような事実も分かります。すなわち、ある無理数を無限連分数で表わしたとき、その連分数を有限の個所で打ち切ると、その無理数の近似値としての有理数が 1 つ求まります。したがって、すべての無理数はある有理数の数列の極限値として表わすことができます。

試しに $\sqrt{2}$ を極限値としてもつ有理数列を、$\sqrt{2}$ の連分数表示から構成してみましょう。

$$1$$

$$1+\frac{1}{2} = 1.5$$

$$1+\frac{1}{2+\frac{1}{2}} = 1.4$$

$$1+\frac{1}{2+\frac{1}{2+\frac{1}{2}}} = 1.41\dot{6}$$

$$1+\cfrac{1}{2+\cfrac{1}{2+\cfrac{1}{2+\cfrac{1}{2}}}} = 1.\dot{4}1379\cdots\cdots17\dot{2}$$

となって次第にその値が $\sqrt{2} = 1.4142\cdots\cdots$ に近づいていくのが分かります。

結局、無限というプロセスを用いることによって、すべての無理数は有理数から生み出されるのです。

§5 円周率 π の話

$1+\sqrt{2}$ や φ などは根号を用いて表わされる無理数ですが、これらの無理数がでてくるより早く、小学校で姿を見せるもう1つの無理数があります。円周率 π がその数です。

このように無理数 π は $\sqrt{2}$ や $\sqrt{3}$ より早く教えられるのですが、$\sqrt{2}$, $\sqrt{3}$ のような簡単な無理数ではありません。$\sqrt{2}$ は方程式 $x^2-2=0$ の、φ は方程式 $x^2-x-1=0$ の解となっています。このように整数係数の方程式の解となる無理数を代数的無理数といいます。一方、π という無理数は、そのような整数係数の方程式の解とはならないことが知られています（リンデマンが1882年に証明しました。証明は難解です）。そのような無理数を超越数といいます。実は π は初めて

出てくる超越数なのです。

さて、円周率とはうまい表現ですが、円の直径と円周の長さの比のことでした。すなわち、円の半径を r、円周を l としたとき、

$$\pi = \frac{l}{2r}$$

です。

あれ、少し変ですね。π は無理数だから、分数では表わせない数だったはずなのに、右辺は $l/2r$ と分数の形で表わされています。しかし、これは誤解なのです。有理数は分数で表わせる数といったとき、その分数は整数/整数の形になるもののみを指しているのですが、$l/2r$ は整数/整数の形にならないのです。したがって $l/2r$ はここでいっている分数ではありません。$l/2r$ が整数/整数の形にならないということを、もう少し詳しく説明しましょう。

一般に、ある長さが l であるというのは、単位の長さ1を指定したとき、その長さが単位の長さの l 倍となるということです。l が整数であれば、単位の長さが l 個分ということになりますが、一般には余りが出るので、その余りを小数または分数で表示するわけです。したがって、$l/2r$ が整数/整数にならないということは、直径と円周を同時にきっちりと測り切る単位は存在しないということに他なりません。直径をきっ

ちり測り切る単位は、円周を測り切らない、逆に円周を測り切る単位は、直径を測り切らない。

これについては、一部誤解している人もいるようです。「円周という長さはちゃんと存在しているのに、それがどこまでいっても測り切れないということはあり得ない」というのがその人の主張です。しかし、今までに見てきたように、長さがあるという事実と、その長さを測り数値化するという行為とは同じではありません。

したがって、いくつかの異なった長さに対して共通尺度としての単位の長さがとれないということはおかしなことではありません。たとえば、半円周の長さを単位にとれば、円周＝2となり測り切れるのはまったく自明なことですが、この単位に対して直径の方は、どこまでいっても余りが出る長さとなってしまうのです。

さて、$\pi = \dfrac{l}{2r}$ を変形すれば、$l = \pi \cdot 2r$ となりますが、この式は円周 l が直径 $2r$ に正比例していることを示していて、その比例定数が円周率 π です。これは図形としてみると、すべての円は相似図形であるということに他なりません。すべての円は相似である、言われてみるとまったく当然の事実なのですが、意外と意識されていないようです。この観点で π を眺め

図2.12

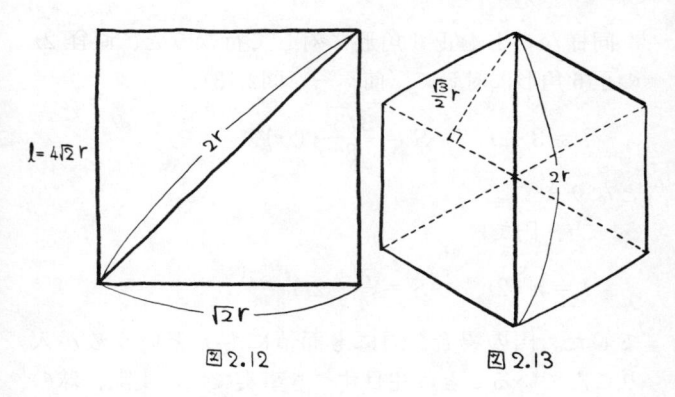

図2.13

ると、πとは相似図形の不変量である形状比を表わしています。

ところで、同じようなことはすべての正多角形についても考えられます。直径（正方形の対角線）が $2r$ の正方形をとります（図2.12）。この周を l とすれば、

$$l = 4\sqrt{2}\,r = 2\sqrt{2} \cdot 2r$$

で、この場合 $2\sqrt{2}$ が円の場合の π と同じ役割を果たしています。$2\sqrt{2}$ が正方周率（？）というわけです。この正方形の面積を S とすると、

$$S = 2r^2 = \frac{1}{2} \cdot (2r)^2$$

です。この式も、正方形の面積 S は直径の2乗に比例し、その比例定数が $\frac{1}{2}$ であるといえます。

同様なことを正 6 角形に対して行なうと、直径 $2r$ の正 6 角形に対して（前ページ図2.13）、

$$l = 3 \cdot 2r, \qquad S = \frac{3\sqrt{3}}{8} \cdot (2r)^2$$

となります。

一方、円では、

$$l = \pi \cdot 2r, \qquad S = \frac{\pi}{4} \cdot (2r)^2$$

でした。円の場合、周にも面積にも π という数が入りこんでいることは注目すべき事実です。実際、球の体積に関しても、そのような比例定数が本質的に、π^3 などでなく π で済んでいるというのは驚くべきことだと思います。この事実がたとえば、円と外接正方形の面積比は $\pi : 4$ という超越数なのに、くるっと一回

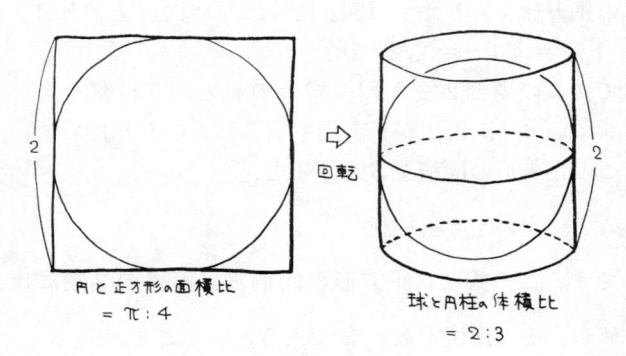

円と正方形の面積比
= $\pi : 4$

球と円柱の体積比
= $2 : 3$

図2.14

転させて、球と外接円柱の体積比にすると、とたんに2：3という整数比になってしまうという、一種の手品の種になっているのです（図2.14）。

さて、πは無理数（超越数）ですから、小数表示をすると循環しない無限小数となります。近似値としては3.14や3.1416などが用いられますが、昔から、πを小数点以下何桁まで計算できたか、ということは興味の対象でした。古くはアルキメデスによる、

$$3\frac{10}{71} < \pi < 3\frac{1}{7}$$

があります。人間の力による記録はシャンクス（1812 - 1882）による707桁の計算ですが、この計算は528桁目に誤りがあり、それ以後の数字には意味がなくなってしまいました。現在はスーパーコンピュータを用いて実に10億7374万桁まで計算されています（2010年現在パソコンを使って5兆桁計算されている。近藤茂）。しかし、10億桁といっても、無限に続くπの小数展開にとっては、無に等しいわけで、確かに無限という「モノ」はある種怪物じみた魅力をもっているようです。

では最後に、$\sqrt{2}$ の例にならって、πが無理数であることの証明を述べましょう。この事実はπ/4 の無限連分数展開を用いてランベルト（1728 - 1777）が1766

年に証明しました。ここでは微分積分学を用いた初等的な証明を紹介します。

定理 π は無理数である。

証明に入る前に、次の補助定理を示す。

補助定理 任意の正の数 a に対して

$$\frac{a^n}{n!} \to 0 \quad (n \to \infty)$$

である。

[証明] $n! = 1 \times 2 \times 3 \times \cdots\cdots \times (n-1) \times n$
$ n! = n \times (n-1) \times \cdots\cdots \times 3 \times 2 \times 1$

とし、辺々掛けると、

$$(n!)^2 = (1 \times n) \times (2 \times (n-1)) \times \cdots\cdots$$
$$\times (k \times (n-k+1)) \times \cdots\cdots \times (n \times 1)$$

ここで、

$$\begin{aligned} k(n-k+1) &= k(n-k) + k \\ &\geq n - k + k \\ &= n \end{aligned}$$

したがって、

$$(n!)^2 \geq n^n$$

平方根をとり、

$$n! \geq (\sqrt{n})^n$$

したがって、

$$\frac{a^n}{n!} \leq \left(\frac{a}{\sqrt{n}}\right)^n$$

右辺は $n \to \infty$ のとき 0 に収束する。したがって、左辺も 0 に収束する。　　　　　　　　　　　　［証明終］

［定理の証明］　背理法による。π が有理数であると仮定する。

$$\therefore \quad \pi = \frac{q}{p} \qquad (p, q \text{ は正の整数、互いに素})$$

さて、補助定理により、任意の正数 a に対して $a^n/n! \to 0 \, (n \to \infty)$ である。

$$\therefore \quad a = q\pi \text{ に対して } (q\pi)^n/n! \to 0$$

$$\therefore \quad (q\pi)^{n+1}/(n+1)! < q$$

となる自然数 n がある。（アルキメデスの原理）

$$\therefore \quad \frac{q^n \pi^{n+1}}{(n+1)!} < 1$$

である $(q > 0)$。この n を固定しておく。

関数

$$f(x) = \frac{x^n (q-px)^n}{n!}$$

を作る。

$$\begin{aligned}
f(\pi - x) &= \frac{(\pi-x)^n (q-p(\pi-x))^n}{n!} \\
&= \frac{\left(\dfrac{q}{p} - x\right)^n (px)^n}{n!} \\
&= \frac{(q-px)^n x^n}{n!} = f(x)
\end{aligned}$$

に注意しておく。

したがって、両辺を r 回微分すれば、
$$(-1)^r f^{(r)}(\pi-x) = f^{(r)}(x)$$
である。

$f(x)$ は $2n$ 次の多項式で、その作り方から、$(n-1)$ 次以下の項はない。

したがって、
$$f(x) = \frac{1}{n!}(A_0 x^{2n} + A_1 x^{2n-1} + \cdots\cdots + A_n x^n)$$
と書け、$A_0, A_1, \cdots\cdots, A_n$ はすべて整数である。最低次の項が n 次であるから、
$$f(0) = f'(0) = \cdots\cdots = f^{(n-1)}(0) = 0$$
である。

前の注意により、
$$f(\pi) = f'(\pi) = \cdots\cdots = f^{(n-1)}(\pi) = 0$$
一方、n 階以上の導関数に対して、
$$\begin{aligned}f^{(n)}(x) = \frac{1}{n!}(&A_0 2n(2n-1)\cdots(n+1)x^n \\ &+ A_1(2n-1)\cdots(n)x^{n-1} + \cdots\cdots \\ &+ A_n n(n-1)\cdots\cdots\cdot 2\cdot 1)\end{aligned}$$

$\therefore \quad f^{(n)}(0) = A_n, \quad (-1)^n f^{(n)}(\pi) = f^{(n)}(0) = A_n$

以下、繰り返して微分して $x=0$ を代入すれば、
$$f^{(k)}(0) = \frac{1}{n!}(A_k \times k!)$$

$$= \frac{k!}{n!}A_k = k(k-1)\cdots\cdots(n+1)A_k$$
$$(k = n,\ n+1,\ \cdots\cdots,\ 2n)$$

すなわち、$f^{(k)}(0)$, $f^{(k)}(\pi)$ は $k = 0, 1, \cdots\cdots, 2n$ のすべての k に対して整数となる。

次に、
$$F(x) = f(x) - f^{(2)}(x) + f^{(4)}(x) - \cdots\cdots + (-1)^n f^{(2n)}(x)$$
とおく。

$F(x)$ も $2n$ 次の多項式で、$F(0)$, $F(\pi)$ は整数である。

$$F''(x) = \quad f^{(2)}(x) - f^{(4)}(x) + \cdots\cdots + (-1)^{n-1}f^{(2n)}(x)$$
$$+ (-1)^n f^{(2n+2)}(x)$$
$$F(x) = f(x) - f^{(2)}(x) + f^{(4)}(x) - \cdots\cdots + (-1)^n f^{2n}(x)$$

辺々加えて、
$$F''(x) + F(x) = f(x) + (-1)^n f^{(2n+2)}(x)$$

しかし、$f(x)$ は $2n$ 次の多項式だから、
$$f^{(2n+2)}(x) = 0$$
$$\therefore\quad F''(x) + F(x) = f(x)$$

ここで、次の積分を考える。
$$I = \int_0^\pi f(x) \sin x\, dx$$
$$= \int_0^\pi (F''(x) + F(x)) \sin x\, dx$$
$$= \int_0^\pi F''(x) \sin x\, dx + \int_0^\pi F(x) \sin x\, dx$$

部分積分法を用いて、

$$\int F''(x) \sin x \, dx = F'(x) \sin x - \int F'(x) \cos x \, dx$$

$$\int F(x) \sin x \, dx = -F(x) \cos x + \int F'(x) \cos x \, dx$$

辺々加えて、

$$\int F''(x) \sin x \, dx + \int F(x) \sin x \, dx$$
$$= F'(x) \sin x - F(x) \cos x$$
$$\therefore \quad I = \int_0^\pi f(x) \sin x \, dx$$
$$= \left[F'(x) \sin x - F(x) \cos x \right]_0^\pi$$
$$= F(\pi) + F(0)$$

$F(\pi)$, $F(0)$ は整数だったから、I の値は整数である。

一方、$0 \leq x \leq \pi$ のとき、

$$0 \leq \sin x \leq 1, \quad 0 \leq f(x)$$

であるから、

$$0 \leq f(x) \sin x \leq f(x) = \frac{x^n (q - px)^n}{n!}$$

かつ、$f(x) \sin x$ は確かに正の値をとる。

$$\therefore \quad 0 < \int_0^\pi f(x) \sin x \, dx < \int_0^\pi f(x) \, dx$$

さらに、$0 \leq x \leq \pi$ で $(q - px)^n < q^n$ に注意して、

$$f(x) < \frac{x^n q^n}{n!}$$

よって、

$$0 < I < \int_0^\pi \frac{x^n q^n}{n!} dx = \left[\frac{x^{n+1} q^n}{(n+1)!}\right]_0^\pi = \frac{\pi^{n+1} q^n}{(n+1)!}$$

n のとり方より、

$$\frac{\pi^{n+1} q^n}{(n+1)!} < 1$$

これは I の値が整数であることに反する。　［証明終］

以上で微分積分学を用いた π の無理数性の証明を終わります。使われた技術はいずれも初等的なものなので、高校で微分積分学を学んだ人なら、誰でも理解できると思います。残念ながら、π の超越性の証明についてはもう少し厄介な議論を必要とするので、ここでは省略します。

第3章 方眼紙とベクトル空間

§1 概念と構造(1)

私たちは小学校以来、図形に関してずいぶんといろいろなことを学んできました。3角形、4角形という単純な形から始まって、正多角形、正多面体といったやや複雑な形、そしてそれらの面積や体積という図形の担う量の計算などです。さらに、いわゆる論証幾何と呼ばれる、初等幾何学の難問などを思い浮かべる人もあるかも知れません。けれども、図形の名前や性質はともかくとして、いったい幾何学という数学が私たちに何を残してくれているのかについては、いささかぼんやりとしか見えてこないような気もします。こんな気持にさせられるのは、ずいぶんいろいろな理由が考えられますが、その大きな要因の1つとして、次のようなことがあります。

数や量に関しては、たとえば第1章で述べたように内包量という重要な概念があり、その概念は極限という考えと結びついて、直接高等学校や大学での微分積分学という数学につながっていきました。しかも、小学校の算数の中でも、極限という名前の無限が扱えないというハンディキャップはあったものの、そこをか

き廻して均質化するという手段で切り抜ければ、内包量そのものの形式的扱いは、有理数の加減乗除の計算だけですますことができます。これを次のような見取図で表わしてみるとスッキリするかも知れません。

数学上の概念　　　　⟺　　　数学上の構造
速度、濃度などの量　　　　　　数の加減乗除

$$\begin{bmatrix} 内包量 \\ 内容の理解 \end{bmatrix} \quad \begin{bmatrix} 実数体と比 \\ 内容を記述するための \\ 数学記号のシステム \end{bmatrix}$$

すなわち、概念としての内包量は、それを自由に取り扱える実数あるいは有理数全体の体（たい）としての構造と、正比例という構造に支えられています。そして、記号のシステムとしての実数体という構造は、有理数だけに限っていえばちゃんと小学校時代に完成します。もちろん、無理数までも視野に入れた実数体全体の把握はさらに先のことになりますが、有理数全体だけでもきちんと四則演算が可能な体となることを考えれば、少なくとも無限をあからさまには扱わない小学校算数の時代では、この有理数体という構造が内包量という概念を支えていると考えてよさそうです。

では、幾何学の分野で概念を支えるべき数学上の構造とは何でしょうか。それはたとえば微分積分学の芽が濃度の中にあり、それが掛け算、割り算という計算で小学校の算数の中にちゃんと入っていたように、小

```
概 念  ⇌  構 造

分かる      できる
```

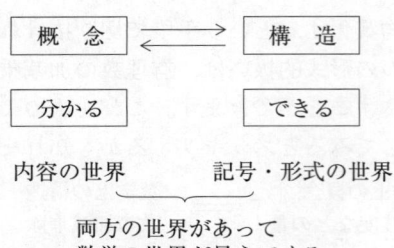

内容の世界　記号・形式の世界
両方の世界があって
数学の世界が見えてくる

図3.1

学校算数の中にすでに入っているものなのでしょうか。次にその点を考えてみましょう。

§2　直線と平面

　小学校の低学年のうちに「直線」という言葉がでてきます。直線とは何でしょうか。こう改って尋ねられると、少々ドキッとしたりして、「2つの点の間の最短距離の線」などと言ってみたりします。しかしこう言ってしまうと、今度は最短距離とは何かというさらにややっこしい問題が生じたりします。小学校ではもっと単純に、「まっすぐな線」という言い方もしますが、「まっすぐとはどういうことですか」と聞かれると、またちょっと困るかも知れません。普通は「まっすぐとは見通せること」という言い方で感覚的に捉え、納得していると思われます。

たとえば、ストローなどで向こうを覗いてみると、向こうの景色が見えます。これはストローがまっすぐなので向こうが見通せるからです。一方、曲がったストロー（ゴム・ホース）などでは穴の向こう側の景色を見ることはできません。ストローが曲がっていて向こう側が見通せないからです。これが、直線というものの直観的な理解の仕方の1つです（図3.2）。

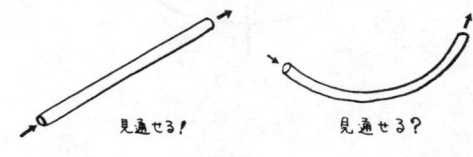

見通せる！　　　見通せる？

図3.2

では平面はどうでしょうか、今度もおそらく咄嗟には「まったいらな面」となるのではないかと思います。では「まったいら」とはどういうことでしょうか、やはりずっと見通せるということでしょうか。曲面でも見通せる場合もあります。巨大な円柱面を考えてください。この円柱面上では、円柱の芯の方向はずっと見通せます。しかし芯以外の方向では見通すことができず、有限の場所に地平線が現われます。すると、平面とは、「どんな方向にもずっと見通せる面」ということになりそうです（図3.3）。

このように、直線や平面を感覚的に捉え、その性質を直観的に明らかにしていくことは、小学校以来の幾

図3.3 （円柱面、見通せる、見通せない）

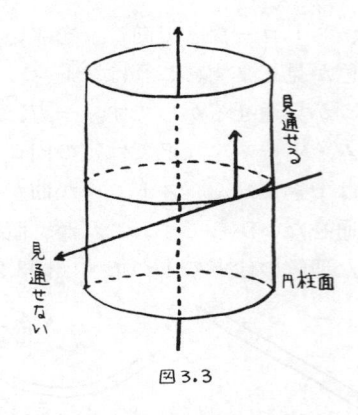

何教育の大切な目標の1つでした。しかし、前に数と量の教育のところでみたように、数学という学問の大きな特徴の1つは、そのように感覚的、直観的に捉えられた直線、平面というものを1つの構造として捉え直し、さらにそれらを記号化していくことによって、対象としているものを操作していくことを可能とする、という点にあります。それは内包量という概念が、有理数の四則演算や正比例という数学的構造によって操作の対象となっていくことと同じであると考えてよいでしょう。

では、直線や平面という対象をどのような手段で構造化していくことが可能なのでしょうか。また、そのような構造化は具体的には、算数の中にどのような形

§3 方眼紙という構造

　直線＝見通せる線、という感覚的理解を前節で紹介しました。これをもう少し数学的に整理してみたいと思います。

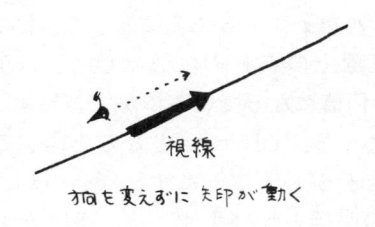

視線

方向を変えずに矢印が動く

図3.4

　見通せるとは、ある方向にそって、視線という矢印がずーっと動くことです（図3.4）。ですから、逆にある矢印（＝視線）が方向を変えずにずーっと動くとき、その動きが直線になると考えます。この視線という矢印を一般にベクトルといいます。視線をずーっと動かしていくということは、この（視線）ベクトルをずーっと長く伸ばしていくということで、いま1つのベクトルを e と書くことにすれば、これは e の何倍かという形で表わすことができます。すなわち、

　　　直線＝$\{ke$ という形のベクトル$\}$

と考えられます。これは直線をベクトルの何倍かとい

```
         e      P
    ←————————————————→
      O    1
         ←————·
          ke
       図3.5
```

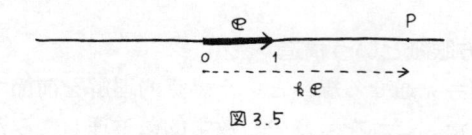

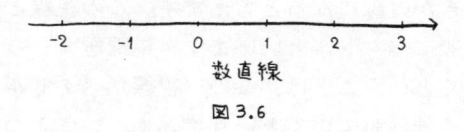

特に最初の目の位置をO、Oからでる（長さ1の）視線ベクトルをeにとってみましょう（図3.5）。ここで、この直線上の点Pの位置は$\overrightarrow{OP}$という視線ベクトルがeの何倍になっているのかで表わすことができます。すなわち、$\overrightarrow{OP} = ke$となるとき、その数値kでPの位置を表わすことにすればいいわけです。このkをPの座標と呼びます。特に座標kを読みとりやすくするために、あらかじめ、直線上に、$e, 2e, 3e$……というベクトルで表わされる点を目盛っておけば、小学校以来親しんできた数直線が得られます（図3.6）。

```
←——·——·——·——·——·——·→
  -2  -1  0  1  2  3
       数直線
      図3.6
```

ここまでくると、最初の視線ベクトルeがどこかに行ってしまっても、直線のもつ、見通せるという構造がそれこそ見通しよく理解できるようになると思います。つまり、数直線というのは、〝直線という対象が

あるベクトルのk倍という形で表わされる構造(これを線形構造あるいは1次元ベクトル空間と呼ぶ)をもっている" という事実を簡単に視覚化したものと考えることができます。

直線の構造
図3.7

ところで、この構造を取り出すのに用いた〈視線〉ベクトルの大きさや最初の目の位置は、いったん数直線という形で構造化してしまうと、その後は本質的な役割を果たさなくなります。そこでさらにこの構造を単純化すれば、直線上に等間隔に点を打って表わすことができます(図3.7)。これを直線のアフィン構造と呼ぶことにします。これはいわば、のっぺりとした直線に目盛だけのものさしを当てたと考えればよいでしょう。この場合、目盛を数値化することは、その後の問題であって、数値化されなくても直線の構造は捉えられていると考えられます。

では、これと同じアイデアを平面にもちこみ、平面のもつ構造を視覚化したらどうなるでしょうか。それが方眼紙というアイデアに他なりません。平面とはまったいらな面、すなわち、あらゆる方向にまっすぐに見通せる面でした。いま平面上に2つの方向の視線をとります(図3.8)。いまのところ、その視線の方向は

図 3.8

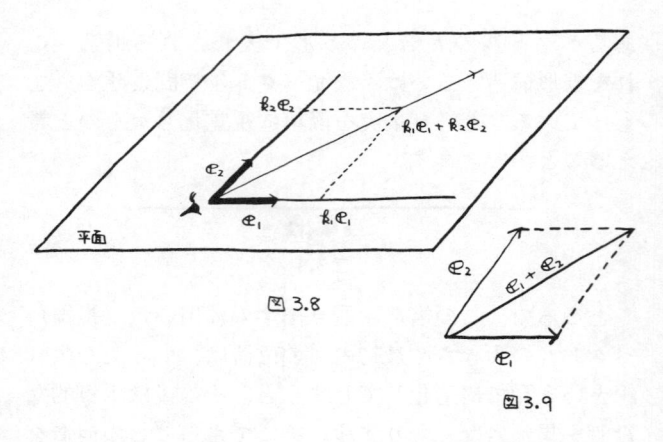

図 3.9

勝手なものでよいとしておきます。さて、このとき、この平面上の方向はすべてこの2つの視線の方向から合成して作り出すことができます。これが、いわゆる力の平行四辺形、力の合成です（図3.9）。

このように、平面が、2つの方向から合成される方向で埋め尽くされているという事実が、平面とは平らな面であるという事柄の内容ですが、これをさらに見やすくする方法はないでしょうか。そのために、直線の線形構造を視覚化するのに用いたのと同じ手法を平面に適用しましょう。すなわち、2つの方向の視線ベクトルを用いて、その方向の直線を構造化し、それらの構造を平面全体の構造に拡張してみるのです。具体的には2つの視線ベクトルに対する平行直線群で平面

全体を覆ってみるわけです（図3.10）。この平行四辺形による網目は、平面のどの方向も2つの方向からの合成で表わせるという事実を巧みに表現していますし、記号の計算としても、2つの方向の合成を $k_1\boldsymbol{e}_1+k_2\boldsymbol{e}_2$ という式で表わせばうまくいきます。すなわち、

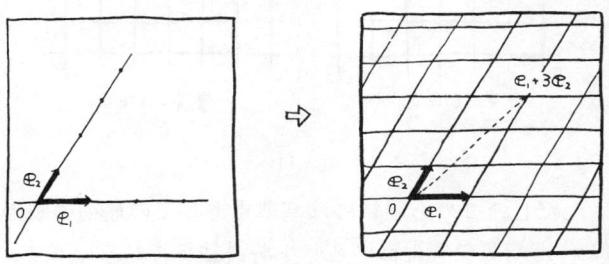

直線上の構造を平面全体の構造に拡張する．

図3.10

平面 $= \{k_1\boldsymbol{e}_1+k_2\boldsymbol{e}_2$ という形のベクトル$\}$

という形で平面の構造が捉えられます。直線が1次元の線形構造をもったのに対して、平面は2次元の線形構造をもつわけです。これを2次元ベクトル空間と呼びます。そのベクトル空間としての構造が平面に被せた平行四辺形の網目で表現されているわけです。

ところで、ここで初めに平面上に与えた2つの視線ベクトルを互いに直交する2つの方向にとり、その長さを単位の長さにとると、ここで構成した平行四辺形の網目は正方形の格子、すなわち方眼紙となります

（図3.11）。

基準点Oが表示された　　　普通の方眼紙
方眼格子

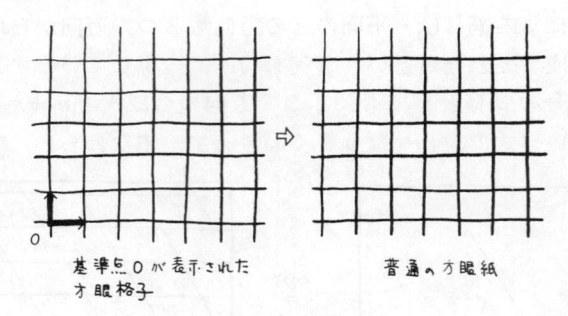

図3.11

　ただし、この方眼紙には基準点としての最初の眼の位置Oや2つの視線ベクトルが書きこまれています。しかし、ここまでくれば、平面の構造を最も単純化して捉えるには、基準点Oやベクトルの表示も不要であることが分かります。

　したがって、最終的に平面というのっぺりとした白紙が、すべての方向に向かってまっすぐに見通せるという性質をもつことを、その白紙の上に、透明なシートに描いた方眼紙を被せることで構造化することができます。このとき被せた透明な方眼紙をベクトル空間と呼び、白紙という平面はベクトル空間を被せることで「アフィン空間としての構造をもつ」といいます。

　アフィンという言葉はあまり聞きなれない言葉ですが、日本語で「疑似」と訳していたこともあります。

すなわち、アフィン空間＝疑似空間ということになりますが、これは多分ユークリッド空間によく似た空間という意味でしょう。すなわちアフィン空間は数値化し計量化される以前のユークリッド空間ということになります。今は英語をそのまま用いて、アフィン空間とかアフィン幾何学とかいうことが多いようです。

$$\text{アフィン空間としての平面} = \text{白紙という平面} + \text{方眼紙というベクトル空間}$$

結局、算数で平面を捉えるのに用いた方眼紙は、平面のもつアフィン構造を視覚化して表わすための最も素朴な方法の1つなのです。もちろん、この方眼紙を基準点Oを設定して数値化することにより、いわゆる座標平面化していくことは1つの筋道として考えることができますが、数値化以前の方眼紙そのものであっても、平面の性質や、その上にのっている図形の性質を捉えるには十分な力を発揮します。これは平面を構造化して捉えるということの大きな利点の1つです。

では、しばらく、小・中学校の図形を題材にして、原(プレ)・ベクトル空間としての方眼紙や平行四辺形格子が、どのような力をもっているのかを調べてみましょう。

§4 方眼紙上のアフィン幾何学

私たちが手に入れた、平面に被せた方眼紙という構造は、平面の線形構造だけを取り出してきたものでし

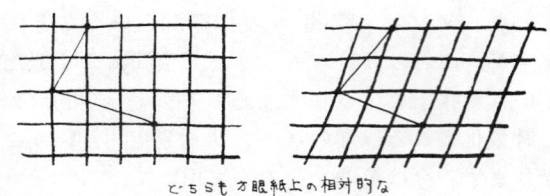

どちらも方眼紙上の相対的な
位置関係は同じ
図3.12

た。したがって、白紙の上に被せる方眼紙は正方形格子だけでなく、平行四辺形格子でも、同等の構造を表現する力をもっています（図3.12）。すなわち、この構造では、線分の長さ、2つの線分のなす角や面積など図形が直接担っている量は、方眼の大きさや形に関係して決まるものなので、ここでは直接には取り扱えません。

では、この構造が取り扱える図形の性質とは何でしょうか。それは、

(1) 平行性
(2) 同一直線上の比

の2つです。図形に関する比の理論は、ユークリッド幾何学の中でも重要な地位を占めているもので、これは中学校で学ぶ中点連結定理や比例線の定理に代表されます（図3.13）。これらの定理は実際、線分そのものの長さや、角の大きさに無関係な性質なので、ここでいう方眼の幾何で解析されるべきものです。

第3章 方眼紙とベクトル空間 105

中点連結定理

$MN \parallel BC$ かつ $MN = \frac{1}{2}BC$

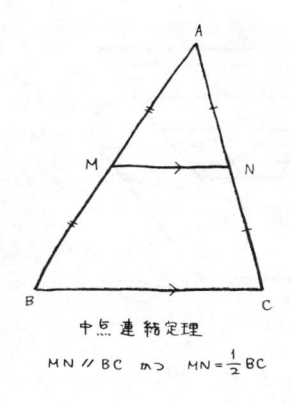

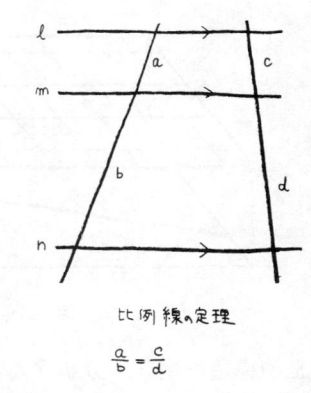

比例線の定理

$\dfrac{a}{b} = \dfrac{c}{d}$

図3.13

　一方、平行線はというと、これもまったく同様に私たちの方眼の幾何に直接結びついています。

　いま、1枚のトレーシング・ペーパーを考えて、この上に任意に1つ方眼構造（平行四辺形格子でも正方形格子でもかまいません）を描きます（図3.14）。一方、白紙の上に1本の直線 l を引きます。ここで、白紙にトレーシング・ペーパーを被せますが、このとき直線上の勝手な点Pと方眼上の勝手な交叉点Oを決めて、PとOとが重なるようにします。すると、白紙上の直線 l はトレーシング・ペーパーを透かして、方眼紙上に写しとられるでしょう。この l の直線としての構造、すなわち l はどのようなベクトルの何倍かで表わせるかということは、トレーシング・ペーパー

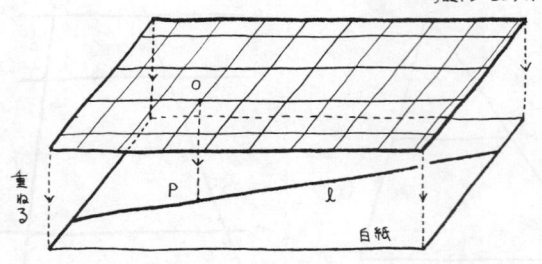

図 3.14

上の構造を用いて分析することができます。

$l = \{k\boldsymbol{a}\}$, $\boldsymbol{a}$ は $\boldsymbol{e}_1 + 2\boldsymbol{e}_2$ という方向で示されるという具合に直線 l は平面上のベクトルを用いて表わすことができます（図3.15）。

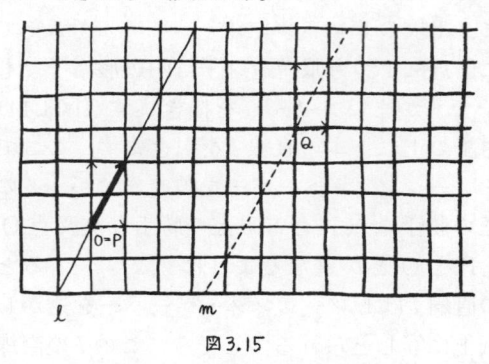

図 3.15

さて、この平面上の別の直線 m について、この方眼紙を用いて読みとった m の構造が l と同一のとき、

すなわち m 上の点 Q に視点を移したとき、

$$m = \{k\boldsymbol{a}\}, \qquad \boldsymbol{a} = \boldsymbol{e}_1 + 2\boldsymbol{e}_2$$

となるとき、l と m は平行であるといいます。また、この構造 $\{k\boldsymbol{a}\}$ を直線に同伴したベクトル空間といいます。

結局 2 つの直線 l, m は、l, m に同伴したベクトル空間が等しいとき平行である、ということになりますが、これを小学校では、「方眼紙では直線 l は横に 1 行くと 2 上がる、直線 m も横に 1 行くと 2 上がる、だから平行です」と説明してきました（図3.16）。こ

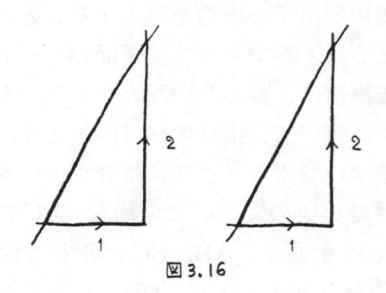

図3.16

の「1 行くと 2 上がる」という言葉は、中学校で方眼紙を数値化して座標平面にしたとき、「直線の傾き」という言葉で表現されるものです。しかし、いままでの考察から、より基本的には、「横に 1 行くと 2 上がる」という言葉は l や m を構成している（視線）ベクトルの構造を、平面全体のベクトル空間としての構

造を基にして述べたもの（すなわち $a = e_1 + 2e_2$）と考えることができます。この場合、（視線）ベクトルの取り方が1通りでないという難点があります。それは「横に1行くと2上がる」が「横に2行くと4上がる」ということと同じなので、傾きの決まり方もそれくらいのブレがあるわけです。

では比のほうの取り扱いを方眼紙という構造にのせるとどうなるのでしょうか。手初めに中点連結定理を考えてみましょう。この定理は中学校で論証幾何の定理として扱われるのが普通のようですが、平面上にうまい平行四辺形格子の構造を導入することにより、視覚的に捉えることができます。平面のベクトル空間としての格子構造は、長さや角度という視点を度外視している限りにおいて、実はすべて同等です。したがって格子構造はいつでも私たちに都合がいいものだけを扱っておけばいいので、いまの場合、BCの中点L、ABの中点Mを通り、AB, BCに平行な直線群の作る格子構造をとりましょう（図3.17）。この格子構造を用いたとき、先ほどの平行線の解析と同様にして、直線ANと直線NCが平行であることはすぐに分かりますが、これらはどちらも点Nを通りますから、A, N, Cは1直線上にあります。このことから、

図 3.17

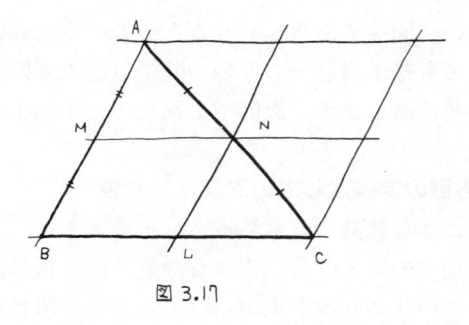

$$\text{MN} \mathbin{/\mkern-4mu/} \text{BC}, \qquad \text{MN} = \frac{1}{2}\text{BC}$$

が得られることは明らかでしょう。すなわち中点連結定理が成立することが分かります。

もっとも、同一点を通る平行な2直線は一致するということはあまり明らかでない、と考える人もいるかも知れません。その場合は、3角形の合同などを用いて論証することになるのかも知れませんが、ここで私たちが問題としているのは、平面の線形構造とその中に置かれた図形の性質であって、論証そのものではないことに注意を払っておきましょう。

さて、先ほど、平面上の任意の格子構造（アフィン構造）はすべて同等である、と書きました。直線どうしが平行であるかどうかを判断するとき、私たちは白紙の平面上に1枚の方眼紙を被せ、その方眼紙自体は変えずに議論をしてきました。しかし、格子構造がす

べて互いに同等であるということを調べるためには、どうしても格子構造そのものの間の対応（変換）を考える必要があります。次節でそれを考えましょう。

§5 方眼の変換としてのアフィン変換

次のような教具（おもちゃ？）を考えます。よくお菓子の箱の中に入っているような縦、横の紙の仕切りです。この仕切りを真上から眺めると、方眼状の構造となっていますが、この仕切りは、力を加えると斜めにスライドしてしまいます。もっと立派な教具とするなら、細い棒を何本か縦、横に方眼状に並べて、棒の交叉点を釘でゆるく留めておくといいでしょう。この

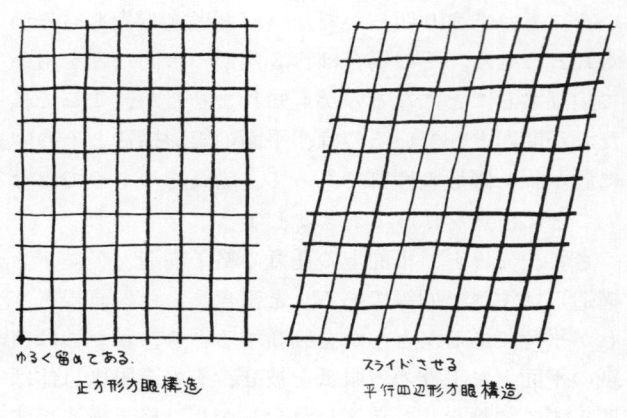

ゆるく留めてある.　　　　　　　スライドさせる
正方形方眼構造　　　　　　　　平行四辺形方眼構造

図 3.18

構造では、全体を右、左にスライドさせることによって、正方形方眼構造を平行四辺形方眼構造に変形することができます（図3.18）。これが最も素朴なアフィン変換のイメージです。

この道具では平行線の間隔を伸ばしたり縮めたりすることはできませんが、一般のアフィン変換では、そのような縦あるいは横への拡大、縮小が可能です。さらに、格子構造全体を裏返すことも考えに入れると、平面全体のアフィン変換の全体が捉えられます。

ここで少し想像力を働かせると、平面上のどのような格子構造も、このアフィン変換で互いに移り変われるということが分かると思います。すなわち、1辺の長さが1の標準的な正方形格子を考えて、まず、その格子を横に a 倍、縦に b 倍に伸ばしたり縮めたりして、長方形格子に変えます。その長方形格子をスライドさ

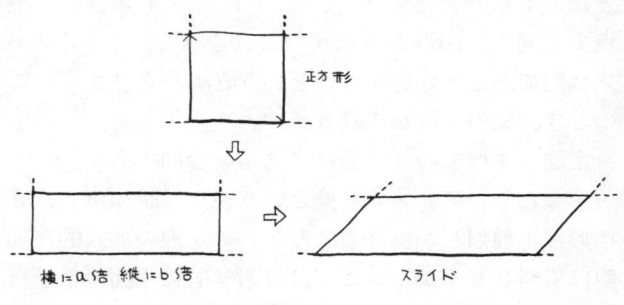

図3.19

せると一般の平行四辺形格子が得られます（図3.19）。この逆の操作を考えれば、一般の平行四辺形格子はすべて標準的な正方形格子に戻せますから、結局、任意の平行四辺形格子どうしが、正方形格子を中だちにして、お互いに移りあえることが分かりました。

この平面上の変換で、

(1) 2直線が平行という関係は変化しない
(2) 同じ直線上の線分の長さの比は変化しない
(3) 辺の長さや、2直線のなす角は変化する

ということをもう一度確認しておきましょう。この構造が直接対象としているものは、平行性や比の値なのです。

さて、いま2つの図形 X と Y に対して $T: \mathbf{R}^2 \to \mathbf{R}^2$ というアフィン変換で

$$T(X) = Y$$

となるものがあるとき、X と Y はアフィンという視点で〝同じ〟図形とみなす（これを X と Y はアフィン合同であるといいます）という立場をとります。このとき、次の定理が成立します。

定理 すべての3角形はアフィン合同である。

すなわち、アフィン変換という視点で眺めると、3角形は1種類しかありません。この定理の形式的な証明は省略しますが、ここでは幾何学的に平面の格子構造を用いた、視覚的、直観的な証明を考えてみましょう。

第3章 方眼紙とベクトル空間　113

［証明］　格子の同等性について述べたとき（111ページ）と同様にして、正3角形を任意の3角形に移すアフィン変換 T が存在することを示せば、正3角形を中だちにしてすべての3角形が互いにアフィン変換で移り変われることが分かります。

$$\triangle \text{ABC} \underset{T_1^{-1}}{\overset{T_1}{\longleftrightarrow}} \text{正3角形} \underset{T_2^{-1}}{\overset{T_2}{\longleftrightarrow}} \triangle \text{A}'\text{B}'\text{C}'$$

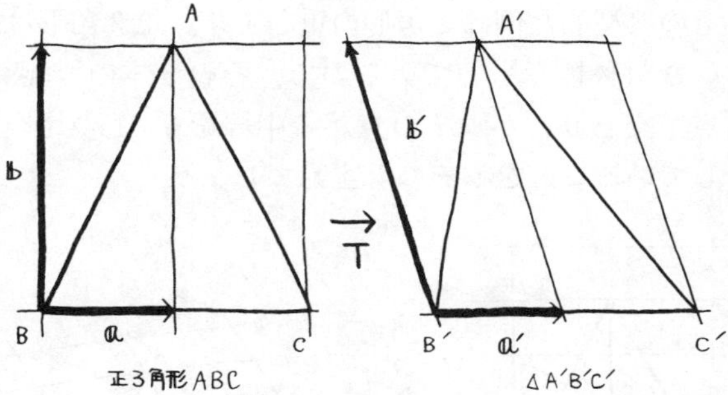

正3角形 ABC

△A'B'C'

図3.20

図3.20のように正3角形 ABC を基にした長方形格子を考えます、この格子構造での2つの視線ベクトルは a と b です。一方、△A'B'C' のほうも図のような平方四辺形格子で覆ってみます。ここでの2つの視線ベクトルは a' と b' です。この2つの格子構造を眺めてみれば、a を a' に、b を b' に移すようなアフィン

変換によって、2つの格子構造が互いに移り変わることは明らかです。したがって、このアフィン変換で正3角形 ABC は △A'B'C' に移ります。　　[証明終]

この定理から、初等幾何学が扱われる3角形のいろいろな性質のうち、アフィン的な性質、すなわち平行性や比に関するものはすべて正3角形についてのみ証明を行なっておけば、あとはアフィン変換ですべて一般の3角形の上に移せることが分かります。

その典型的な例は3角形の重心です。正3角形はきれいな対称性をもっているので、その3本の中線が1点で交わり、かつその点が各中線を2:1の比に内分していることをみるのも容易でしょう。

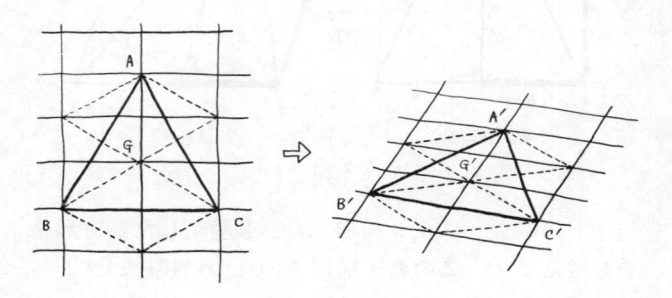

図3.21

これにうまく格子の網を被せ、その格子全体をアフィン変換することによって、一般の3角形について、重心の存在やその性質を示すことができます。正3角形

に被せる格子は、6角形を媒介にした図3.21のものがいいようです（これは東京の明星学園中等部の先生方によるうまいアイデアです）。

また、平行四辺形の対角線が互いに他を2等分するという有名な定理も、標準的な正方形格子を平行四辺形格子にアフィン変換することによって、すぐに納得できます（図3.22）。

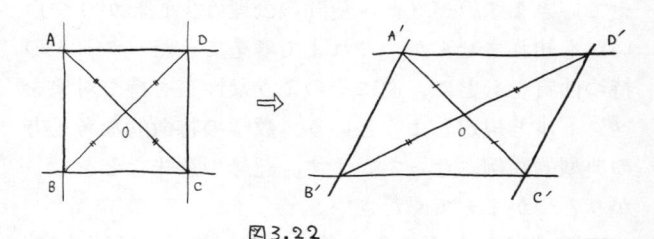

図3.22

このように、平面に被せた方眼紙とその縦、横への拡大とスライド（および裏返し）というイメージによるアフィン変換は、それらを抽象的に扱うための記号の準備がなくても、小・中学校の幾何の中で立派にその役目を果たしています。これが表題の「方眼紙とベクトル空間」の意味です。いままで、方眼紙は平面上の点の位置を表わす座標の前段階というイメージのほうが強調されてきましたが、数値化をことさら急がなくても、格子は格子自身として平面の構造化をきちんと担っているわけです。

さて、このようなベクトル空間としての方眼紙を、きちんとした数学として抽象化・記号化するとどうなるでしょうか。次にそれについて考えていきましょう。

§6 アフィン幾何学入門

私たちがいままで扱ってきた方眼紙を念頭におき、ベクトル空間、アフィン平面を抽象的に、公理的に考えていきます。ベクトル空間の公理は少しわかりづらいかも知れませんが、これまで考えてきたベクトルの持つ性質をもとに、逆にそのような性質を持つ対象をベクトルと規定しようという、数学の特徴的な考え方の典型的な例になっています。記号の意味などをしっかりとつかまえてください。

定義 集合 V が次の公理をみたすとき、V を実数上のベクトル空間、V の元（$\boldsymbol{a}, \boldsymbol{b}$ などのこと）をベクトルという。

V 上で〝和〟と〝スカラー倍〟という演算 $\boldsymbol{a}+\boldsymbol{b}$, $k\boldsymbol{a}$（$\boldsymbol{a}, \boldsymbol{b} \in V$, k は実数）が定義されていて次の性質をもつ。

(1) $\boldsymbol{a}+\boldsymbol{b} = \boldsymbol{b}+\boldsymbol{a}$

(2) $\boldsymbol{a}+(\boldsymbol{b}+\boldsymbol{c}) = (\boldsymbol{a}+\boldsymbol{b})+\boldsymbol{c}$

(3) $\boldsymbol{a}+\boldsymbol{0} = \boldsymbol{a}$ となる特別な $\boldsymbol{0} \in V$ がある。この $\boldsymbol{0}$ を0-ベクトルという。

(4) すべての $\boldsymbol{a}$ に対して、$\boldsymbol{a}+\boldsymbol{a}' = \boldsymbol{0}$ となる $\boldsymbol{a}'$ が

ある。この $\boldsymbol{a}'$ を $\boldsymbol{a}$ の逆ベクトルといい、$-\boldsymbol{a}$ と書く。

(5) $k(\boldsymbol{a}+\boldsymbol{b}) = k\boldsymbol{a}+k\boldsymbol{b},$　　　k は実数
(6) $(k+l)\boldsymbol{a} = k\boldsymbol{a}+l\boldsymbol{a}$
(7) $k(l\boldsymbol{a}) = (kl)\boldsymbol{a}$
(8) $1\boldsymbol{a} = \boldsymbol{a}$

これがベクトル空間の公理で、V が方眼紙にあたるものです。

定義 V をベクトル空間とする。V 内の r 個のベクトル $\{\boldsymbol{a}_1, \cdots, \boldsymbol{a}_r\}$ が、どの1つも他のベクトルで表わせないとき、$\{\boldsymbol{a}_1, \cdots, \boldsymbol{a}_r\}$ は1次独立であるという。

定義 V 内に n 個の1次独立なベクトル $\{\boldsymbol{e}_1, \cdots, \boldsymbol{e}_n\}$ があり、V 内の任意のベクトルが、$\boldsymbol{e}_1, \cdots, \boldsymbol{e}_n$ を用いて表わせるとき、すなわち、

$V \ni \boldsymbol{a}$ に対して，$\boldsymbol{a} = k_1\boldsymbol{e}_1+\cdots\cdots+k_n\boldsymbol{e}_n$

となるとき、$\{\boldsymbol{e}_1, \cdots, \boldsymbol{e}_n\}$ を V の基底といい、V は n 次元ベクトル空間であるといい、$\dim V = n,$ または V^n と書く。

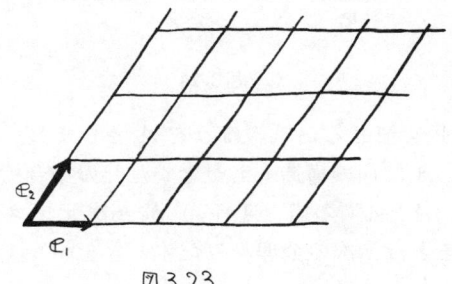

図 3.23

基底とは、格子の視線ベクトルにあたるもので、V の次元とは、V の上に独立な方向をもった視線ベクトルが何本とれるか、にあたります（図3.23）。この意味で方眼紙は2次元のベクトル空間となっています。

以下、ベクトル空間はすべて有限次元とし、n 次元ベクトル空間を V^n と書きます。

定義 V^n を n 次元ベクトル空間とする。V^n の部分集合 W が、V の〝和〟と〝スカラー倍〟（116ページ）に関してベクトル空間となっているとき、W を V^n の部分空間といい、$W \subset V^n$ と書く。W の次元を m とすれば、$m \leq n$ となっている（図3.24）。

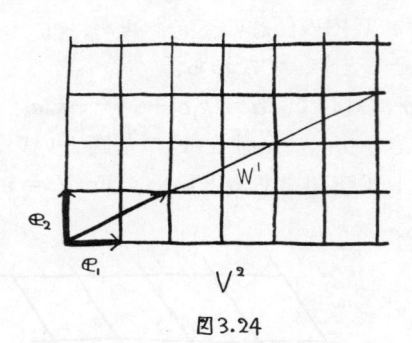

図3.24

一方 V を被せる白紙のほうを A としましょう。この場合、A は何の構造ももたないただの集合です。

定義 A と V^n の組 (A, V^n) が n 次元アフィン空間であるとは、次の公理をみたすときをいう。

(1) $V^n \ni \boldsymbol{a}$ に対して $f_{\boldsymbol{a}}: A \to A$ という写像が定まる。$f_{\boldsymbol{a}}$ をベクトル $\boldsymbol{a}$ で定まる平行移動という。

(2) $A \ni P, Q$ という2点に対して $f_{\boldsymbol{a}}(P) = Q$ となるベクトル $\boldsymbol{a} \in V^n$ がただ1つある。

(3) $V^n \ni \boldsymbol{a}, \boldsymbol{b}$ に対して $f_{\boldsymbol{a}+\boldsymbol{b}} = f_{\boldsymbol{b}} \circ f_{\boldsymbol{a}}$ である。ただし $f_{\boldsymbol{b}} \circ f_{\boldsymbol{a}}$ は $f_{\boldsymbol{a}}$ と $f_{\boldsymbol{b}}$ の合成を示す。

V^n をアフィン空間 (A, V^n) に同伴するベクトル空間といいます。$f_{\boldsymbol{a}}(P)$ を $P + \boldsymbol{a}$ とも書きますが、これは点にベクトルを足すという感じで、

位置 + 変位 = 位置

と考えればいいと思います。

さて、これで、白紙 A と方眼紙 V^n がでそろいました。では次に A に V^n を被せる方法を考えましょう。その方法は、基本的にはどう被せてもよいというものです。ただし、どう被せてもよい、といっても困りますので、次のように考えます。

V^n の基底 $\boldsymbol{e}_1, \boldsymbol{e}_2, \cdots, \boldsymbol{e}_n$ を1組とり固定しておきます。これが格子構造を固定することにあたります。A 内の勝手な1点 O を指定して、原点と呼びましょう。この原点 O と基底 $\boldsymbol{e}_1, \boldsymbol{e}_2, \cdots, \boldsymbol{e}_n$ の組

$\{O; \boldsymbol{e}_1, \boldsymbol{e}_2, \cdots, \boldsymbol{e}_n\}$

をアフィン空間 (A, V^n) のフレームといいます。アフィン空間の公理によって、各 $\boldsymbol{e}_i$ ($i = 1, 2, \cdots, n$) に対応する平行移動

$f_{e_i}: A \to A \quad (i = 1, 2, \cdots, n)$

がありますから、

$E_i = f_{e_i}(O) \quad (i = 1, 2, \cdots, n)$

となる点 $E_1, E_2, \cdots, E_n$ が A 内に定まります。この $E_1, \cdots, E_n$ を単位点といいます。

さて、$A \ni P$ を勝手にとります。前と同様にアフィン空間の公理(2)（118ページ）により、$f_a(O) = P$ となるベクトル a がただ1つ決まります。$a \in V^n$ ですから、a は V^n の基底 $e_1, \cdots, e_n$ を用いて、

$a = x_1 e_1 + x_2 e_2 + \cdots\cdots + x_n e_n$

と表わすことができます。

定義 $(x_1, \cdots, x_n)$ を点 P のフレーム $\{O; e_1, \cdots, e_n\}$ に関するアフィン座標といい、$P = (x_1, \cdots, x_n)$ と書く。

この座標を用いることによって、アフィン空間上の平行移動や比の問題を数値化して扱うことができます。

たとえば、$P = (x_1, \cdots\cdots, x_n)$ とし、$b = y_1 e_1 + \cdots\cdots +$

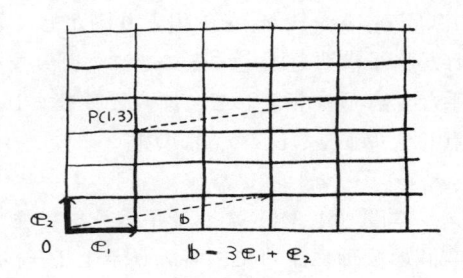

図3.25

$y_n e_n$ とします。点 P を b だけ平行移動した点 $f_b(P)$ は、

$$f_b(P) = (x_1+y_1, \cdots\cdots, x_n+y_n)$$

で表わされます（図3.25）。

定義 (A, V^n), (B, W^m) を2つのアフィン空間とする。次が成立するとき、(B, W^m) を (A, V^n) の部分空間という。

(1) $B \subset A$ （集合として）

(2) $W^m \subset V^n$ （ベクトル空間として）

さらに、(A, V^n) の2つの部分空間 (B_1, W_1^m) と (B_2, W_2^m) に対して、

$$W_1^m = W_2^m$$

となるとき、(B_1, W_1^m) と (B_2, W_2^m) は平行であるといい、

$$(B_1, W_1^m) /\!/ (B_2, W_2^m)$$

と書きます。

以上がアフィン空間の定義と、その中の最も重要な概念の1つである平行性の定義です。これをもう一度、方眼紙の中で確認しておきましょう（図3.26、次ページ）。

(B_1, W_1), (B_2, W_2) 自身はベクトル空間 V^2 の部分空間ではありませんが（(B_1, W_1) 上に端点をもつ2つのベクトルの和、すなわち視線の合成は (B_1, W_1) 上にはないことを確かめてください）、(B_1, W_1) 上の2点 P, Q に対応する平行移動を表わす f_a は W^1 という V^2 の部分空間のベクトルに対応していて、W^1 が (B_1, W_1)

図3.26

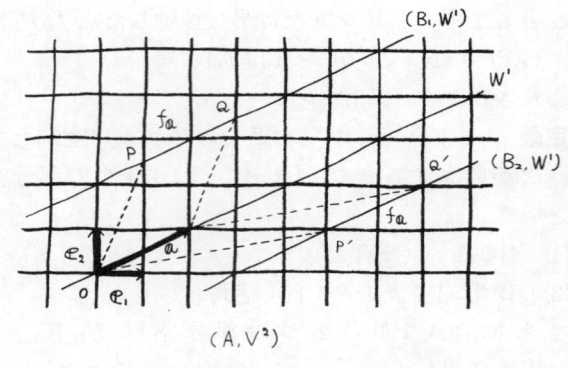

に同伴するベクトル空間となります。(B_2, W_1)に関しても同様で、同伴するベクトル空間はどちらも W^1 ですから、

$(B_1, W_1) /\!/ (B_2, W_1)$

となります。これが格子平面上での2直線の平行性を考えたときの〝同伴するベクトル空間〟という考え方の形式的な取り扱いです。

次に2つのアフィン空間の間のアフィン写像について考えましょう。まず、一般の場合について定義します。

定義 $(A, V^n), (B, W^m)$ を2つのアフィン空間とする。

$T : (A, V^n) \to (B, W^m)$

がアフィン写像であるとは、T が

$T = (f, \varphi)$

という写像 $f: A \to B$, $\varphi: V^n \to W^m$ の組で、

(1) f は A の点 P を B の点 $f(\mathrm{P})$ に対応させる。

(2) φ はベクトル空間の間の線形写像である。

すなわち、$\varphi(\boldsymbol{a}+\boldsymbol{b}) = \varphi(\boldsymbol{a})+\varphi(\boldsymbol{b})$,

$$\varphi(k\boldsymbol{a}) = k\varphi(\boldsymbol{a})$$

(3) $f(f_{\boldsymbol{a}}(\mathrm{P})) = f_{\varphi(\boldsymbol{a})}(f(\mathrm{P}))$

をみたすものをいう（図3.27）。

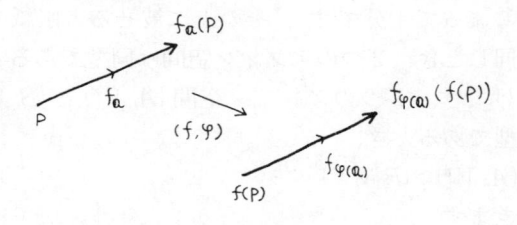

図3.27

(3)の条件は少しごちゃごちゃしていますが、前に書いたように、位置 + 変位 = 位置、の形で表わせば、

$$f(\mathrm{P}+\boldsymbol{a}) = f(\mathrm{P})+\varphi(\boldsymbol{a})$$

という式になり、P に $\boldsymbol{a}$ だけの変位を与えた点を f で写像すると、$f(\mathrm{P})$ に $\varphi(\boldsymbol{a})$ だけの変位を与えた点に移るということです。

また、アフィン写像が特に自分自身への写像、

$$F: (A, V^n) \to (A, V^n)$$

のとき F をアフィン変換といいます。

定義 アフィン写像 $T: (A, V^n) \to (B, W^m)$ につい

$T = (f, \varphi)$ として、

(1) $f: A \to B$ が全単射

(2) $\varphi: V^n \to W^m$ がベクトル空間の同型写像

となるとき、T をアフィン空間の同型写像という。

つまり、白紙としての A, B 上の点はきちんと1対1に対応しており(イメージとしては同じ白紙と考えてしまって十分です)、その上に被せる方眼紙の構造が同じとき、2つのアフィン空間は同型であるというわけです。2つのアフィン空間 (A, V^n) と (B, W^m) が同型であるとき、

$(A, V^n) \cong (B, W^m)$

と書きます。

前に、平面上の任意の格子構造は互いに同等であることを述べ、それを左右にスライドする教具で視覚的に表現してみました。これをきちんと表現したものがアフィン空間の同型という概念です。ところが、ベクトル空間に対しては次の定理が成立します。

定理 V^n, W^m を2つのベクトル空間とする。

$V^n \cong W^m \iff \dim V^n = \dim W^m \quad (n = m)$

[証明] (I) $\iff$ の $\Rightarrow$ の証明。V^n と W^m が同型であるとし、その同型対応を、$\varphi: V^n \to W^m$ とする。φ は全単射の線形写像である。$\dim V^n = n$ とし V^n の基底を $\boldsymbol{e}_1, \cdots, \boldsymbol{e}_n$ とする。このとき、$\varphi(\boldsymbol{e}_1), \cdots, \varphi(\boldsymbol{e}_n)$ が

W^m の基底となることを示そう。

(1) W^m 内の勝手なベクトルは $\varphi(e_1), \cdots, \varphi(e_n)$ で表わせる。

∵) $W^m \ni \boldsymbol{b}$ に対して、φ は全単射だから $\varphi(\boldsymbol{a}) = (\boldsymbol{b})$ となるベクトル $\boldsymbol{a} \in V^n$ が存在する。$\boldsymbol{a}$ は基底 $e_1, \cdots, e_n$ を用いて、

$$\boldsymbol{a} = x_1 e_1 + \cdots\cdots + x_n e_n = \sum_{i=1}^{n} x_i e_i$$

と表わせる。したがって

$$\boldsymbol{b} = \varphi(\boldsymbol{a}) = \varphi\left(\sum_{i=1}^{n} x_i e_i\right) = \sum_{i=1}^{n} x_i \varphi(e_i)$$

となり、$\boldsymbol{b}$ は $\varphi(e_1), \cdots, \varphi(e_n)$ を用いて表わせる。

(2) $\varphi(e_1), \cdots, \varphi(e_n)$ のどの1つも他のベクトルでは表わせない。

∵) たとえば $\varphi(e_n)$ が $\varphi(e_1), \cdots, \varphi(e_{n-1})$ で表わせたとしよう。すなわち、

$$\varphi(e_n) = y_1 \varphi(e_1) + \cdots\cdots + y_{n-1} \varphi(e_{n-1})$$

とする。右辺は φ の線形性によって

$$\varphi\left(\sum_{i=1}^{n-1} y_i e_i\right)$$

となり、したがって

$$\varphi(e_n) = \varphi\left(\sum_{i=1}^{n-1} y_i e_i\right)$$

φ は全単射だから、

$$e_n = \sum_{i=1}^{n-1} y_i e_i$$

となり、e_n が $e_1, \cdots, e_{n-1}$ で表わせることとなって $\{e_1, \cdots, e_n\}$ が1次独立であることに反する。

(1)、(2)より $\varphi(e_1), \cdots, \varphi(e_n)$ は W^m の基底となり、$\dim W^m = n$, すなわち $m = n$ である。

(II) $\Longleftrightarrow$ の $\Longleftarrow$ の証明。$\dim V^n = \dim W^n = n$ とする。V^n, W^n の基底をそれぞれ $\{e_1, \cdots, e_n\}$, $\{e_1', \cdots, e_n'\}$ とする。

線形写像 $\varphi : V^n \to W^n$ を、

$$V^n \ni a = \sum_{i=1}^{n} x_i e_i \text{ に対して、} \varphi(a) = \sum_{i=1}^{n} x_i e_i'$$

で決めれば、φ は V^n と W^n の間の同型対応となる。

[証明終]

この定理によって同次元のベクトル空間はすべて同型となることが分かり、同型なベクトル空間は同じものとみなすという立場をとれば、有限次元のベクトル空間は次元だけで決定しているということになります。

私たちが白紙に被せることによってそのアフィン空間（平面）としての構造を捉えようとした格子構造はすべて2次元のベクトル空間です。すなわち、独立な視線ベクトルが2本とれる格子構造でした。したがって、すべての2次元格子（正方形格子、平行四辺形格子など）はベクトル空間としては全部同型となり、そ

れらの格子を被せたアフィン空間としての白紙は、すべて同型な構造をもつことになります。これで、私たちが直観的、視覚的に捉えてきた平面の構造がきちんと数学的に裏付けられました。

このベクトル空間は一番プリミティブな構造しかもっていません。すなわち V^n の中では、ベクトルの長さや、2つのベクトルのなす角などを測ることができません。これがアフィン幾何で長さや角の大きさなどが取り扱えない理由の1つです。ですから、V^n にもう少し豊かな構造を与えてやれば、それを用いて長さや角が扱えるようになります。その構造が普通「内積」と呼ばれているもので、内積をもつベクトル空間を計量ベクトル空間といいます。この、いわば目盛をもった格子である計量ベクトル空間を白紙に被せることによってユークリッド平面が長さや面積、角度も含めて扱えるようになりますが、詳細は省略いたします。詳しくは関沢正躬著『直線と平面』（日本評論社）などを参照してください。

このように、方眼紙や格子はそのまま、アフィン平面、ユークリッド平面のベクトル空間を用いての構造化につながる重要な概念なのです。このことはもっと意識されてよいことのように思われます。

第4章　1次変換という名の正比例

§1　正比例関係

　小学校で算数を学び始め、数の四則演算が一通り終わった頃、数そのものとその演算ではなく、量と量との関係を取り扱う数学が登場します。いかめしい名前で呼べば、関数の登場ということですが、小学校では関数という名前は出てきません。そのかわりに、伴って変わる2つの量としての正比例が6年生にでてきます。
「2つの変量 x と y で、x が2倍、3倍となるとき、y も2倍、3倍となる、このとき、y は x に正比例するという」

　これが普通の正比例の定義です。もちろん理想的な正比例は、x が何倍になろうとも y もそれに伴って変化するわけですが、現実の現象をとっても、x の変化を限定すれば正比例となるものはたくさんあります。たとえば、フックの法則として知られるバネの伸びの長さとぶら下げる錘の重さの関係、あるいは線香の燃えた長さと時間の関係、単価 a 円の品物を x 個買ったときの値段 y 円、一定速度で走っているときの自動車の走行距離と時間、あるいは燃料消費量と時間、などはすべて、だいたい正比例していると考えられます。

ほんの短い時間をとれば、多くの変化は正比例と考えることができる、これが微分学という数学の最も基本的なアイデアに他なりませんが、ここでは、正比例という関係だけを取り出して、その性質や考え方などが、どんな数学につながっていくのかを考えてみましょう。

単価 a 円の品物を x 個買ったときの値段を y 円とすれば、

$$y = ax$$

という関係が成りたちます。x を 2 倍、3 倍と変化させていけば、それに伴って y も 2 倍、3 倍と変化していくことはすぐ分かりますから、この式で表わされる関係が正比例関係であることは明らかです。

品物の場合、x は個数という飛び飛びの値しかとりませんが、速度が一定で a km/h の自動車の走行距離 y と走行時間 x の間には、同様に、

$$y = ax$$

という関係があり、今度は x はずーっと連続的に変化していきます。

これらの場合の a を比例定数と呼ぶことも、小学校以来学んできたことでした。

では逆に、正比例関係にある 2 つの量 x、y の間にはつねに

$$y = ax$$

という関係が成りたつのでしょうか。あたりまえのような気もしますが、一応調べておきましょう。

正比例関係にある量を x, y とします。x が単位量 1 のときの y の値を a とします。したがって x が 2、すなわち 1×2 になると y も $a \times 2 = a \cdot 2$ になりますし、x が 3 になると y も $a \times 3 = a \cdot 3$ になります。$a \cdot 2$ とか $a \cdot 3$ という表記法は、中学校で学んだ表記法、$2a, 3a$ と逆なので少々落着きが悪いのですが、後の都合で少し我慢してください。

さて、一般に x を $1 \times x$ と考えると、y も x 倍になりますから、$y = a \times x = ax$ となり、確かに正比例関係にある 2 つの量 x, y の間には、

$$y = ax$$

という関係があることが分かります。比例定数 a が $x = 1$ のときの y の値であることも一応頭に留めておきましょう。

正比例関係が定数項を欠いた 1 次式（同次 1 次式という）となることから、正比例関係が次のような性質をもつことが分かります。いま正比例関数を

$$y = f(x) = ax$$

とします。このとき、

$$f(x_1 + x_2) = f(x_1) + f(x_2)$$

となります。これは、

$$f(x_1 + x_2) = a(x_1 + x_2) = ax_1 + ax_2$$

$$= f(x_1) + f(x_2)$$
から分かります。

まとめると、正比例関数 $y = f(x) = ax$ は次の性質を持つことが分かります。

(1) $f(x_1 + x_2) = f(x_1) + f(x_2)$

(2) $f(kx) = kf(x)$

(2)の性質が、x を 2 倍、3 倍すると y も 2 倍、3 倍となるということに他なりません。したがって、いまの場合は(2)の性質から(1)の性質が導かれたことになります。(2)の性質を持つ関数は $y = ax$ しかないことも簡単に分かります。すなわち、

$$y = f(x) = f(x \cdot 1) = x \cdot f(1)$$

したがって $f(1) = a$ （定数）とおけば、

$$y = ax$$

である。

これが前に述べた、正比例関係は $y = ax$ で表わされるということの抽象的な証明に他なりません。

以上のことから、もし正比例関係というものを一般化していくのなら、この性質(1)、(2)を基にするということが考えられます。(1)、(2)の性質をもつような関数を一般に線形写像と呼びます。すなわち、正比例関数というのは、線形写像なのですが、写像というからには、どこからどこへの写像、すなわち定義域と値域がはっきりしていないと困ります。線形写像の活躍する

舞台、それがベクトル空間という名前の多次元量の世界です。

この多次元量の世界を眺めてみる前にちょっとおもしろい事実を証明しておきましょう。

先ほど、正比例関係の基本、x が2倍、3倍になると y も2倍、3倍となることから、式表現 $y = ax$ を導き、その式から $f(x_1+x_2) = f(x_1)+f(x_2)$ を導きました。逆に、関数の式 $f(x_1+x_2) = f(x_1)+f(x_2)$ をみたす関数は正比例関数とならないでしょうか。

$$f(x_1+x_2) = f(x_1)+f(x_2)$$

において、$x_2 = x_1$ としますと、

$$f(x_1+x_1) = f(x_1)+f(x_1)$$

すなわち

$$f(2x_1) = 2f(x_1)$$

となります。帰納法を用いて、

$$f((n+1)x_1) = f(nx_1+x_1) = f(nx_1)+f(x_1)$$
$$= nf(x_1)+f(x_1) = (n+1)f(x_1)$$

したがって、すべての自然数 m について

$$f(mx) = mf(x)$$

が成立します。

次に、

$$f(0) = f(0+0) = f(0)+f(0)$$

より、

$$f(0) = 0$$

が得られます。

したがって、負の整数 $-m$ について、
$$f((m+(-m))x) = f(mx+(-m)x)$$
$$= f(mx)+f(-mx)$$
$$= mf(x)+f(-mx)$$

左辺は $f(0) = 0$ ですから、
$$mf(x)+f(-mx) = 0$$
つまり、
$$f(-mx) = -mf(x)$$
よって、すべての整数 k について、
$$f(kx) = kf(x)$$
が成立します。

次に有理数 $r = \dfrac{n}{m}$ について考えます。まず $n=1$ のとき、$\dfrac{1}{m}x \times m = x$ に注意して、
$$f\left(m \cdot \frac{1}{m}x\right) = mf\left(\frac{1}{m}x\right)$$
となりますが、左辺は $f(x)$ ですから、
$$f\left(\frac{1}{m}x\right) = \frac{1}{m}f(x)$$
が成立します。したがって、
$$f(rx) = f\left(\frac{n}{m}x\right) = f\left(\frac{1}{m} \cdot nx\right)$$

$$= \frac{1}{m}f(nx) = \frac{n}{m}f(x) = rf(x)$$

すなわち、すべての有理数 r に対して、

$f(rx) = rf(x)$

が成立します。

ここまでは、うまくいきました。したがって、すべての実数 k について、$f(kx) = kf(x)$ と結論づけたいところですが、実はこのステップは無条件では跳躍できないのです。もし $f(x)$ が連続であるなら、第2章で調べたように、あらゆる無理数は有理数列の極限として、

$k = \lim_{n \to \infty} r_n,$ r_n は有理数

と示されますから、

$$f(kx) = f((\lim_{n \to \infty} r_n)x)$$
$$= \lim_{n \to \infty} f(r_n x) \qquad (f(x)\text{の連続性})$$
$$= \lim_{n \to \infty} r_n f(x) = kf(x)$$

となり、$f(kx) = kf(x)$ が示されます。

しかし、$f(x)$ の連続性の条件を欠くと、$f(x_1+x_2) = f(x_1)+f(x_2)$ をみたしながら $f(x) = ax$ とならない奇妙な関数を構成することができます。この関数はハメル (1877-1954) によって初めて構成されたもので、集合論の定理を用いて作られます。ここでは、構成の

アウトラインだけをスケッチしてみましょう。

R を実数全体の集合とします。実数 x は $x = x \cdot 1$ として 1 の x 倍で示されます。少し数学的にいうと R は R 上の 1 次元ベクトル空間で、1 はその基底であるということです。R を別の形のベクトル空間と考えることができないでしょうか。Q を有理数の全体とするとき、R を Q 上の無限次元ベクトル空間とみなすことができます。すなわち、スカラー倍としては有理数倍のみを考えるベクトル空間です。このとき、R は次の条件をみたす基底 B を持つことが示されます。

(1) 任意の実数 x は、B に属する数を有限個選んで、

$$x = r_1 b_1 + r_2 b_2 + \cdots\cdots + r_n b_n$$

と表わせる。ただし $r_1, \cdots, r_n$ はすべて有理数である。

(2) B に属する数を有限個選んで、

$$r_1 b_1 + r_2 b_2 + \cdots\cdots + r_n b_n = 0$$

となれば、つねに $r_1 = r_2 = \cdots = r_n = 0$ である。

B を R の Q 上のハメル基底と呼びます。ハメル基底が存在することを証明するためには集合論のほうから整列可能定理という定理を援用しなければなりません。ここで使う整列可能定理とは、簡単にいうと、すべての実数をある順序で一列に並べることができると

いう定理です。

このハメル基底の存在さえ確認できれば、あとは簡単です。いま

$f: \mathbf{R} \to \mathbf{R}$

という関数を、$f(0) = 0$、かつ B に属する数 b については $f(b) = 1$ とします。さらに、$\mathbf{R} \ni x$ について、

$x = r_1 b_1 + \cdots\cdots + r_n b_n \qquad (r_i \quad i = 1, 2, \cdots, n$ は有理数)

であることを用いて、

$f(x) = r_1 f(b_1) + \cdots\cdots + r_n f(b_n)$
$\qquad = r_1 + r_2 + \cdots\cdots + r_n$

と決めます。この関数 $y = f(x)$ が $f(a+b) = f(a) + f(b)$ をみたすことが次のように示されます。

$a = r_1 b_1 + \cdots\cdots + r_n b_n$
$b = s_1 b'_1 + \cdots\cdots + s_m b'_m$

とし、$\{b_1, \cdots, b_n, b'_1, \cdots, b'_m\}$ のうち重なっているものの一方を取り除いて異なるものだけを残し、それを改めて、$\{b_1, \cdots, b_k\}$ としましょう。したがって、

$a = r_1 b_1 + \cdots\cdots + r_k b_k$
$b = s_1 b_1 + \cdots\cdots + s_k b_k$

と書けます(r_i, s_j のうちには 0 となるものがある)。よって、

$a+b = (r_1+s_1)b_1 + \cdots\cdots + (r_k+s_k)b_k$

したがって、

$$f(a+b) = r_1+s_1+\cdots\cdots+r_k+s_k$$
$$= (r_1+\cdots\cdots+r_k)+(s_1+\cdots\cdots+s_k)$$
$$= f(a)+f(b)$$

ところが、この関数は実数 k に対して $f(kx) = kf(x)$ をみたしません。実際、$f(x)$ は定義から有理数の値しかとりません。ここで $f(kx) = kf(x)$ が成立したとすると、ハメル基底 $\boldsymbol{B}$ の中から無理数 b を1つとって、

$$f(b) = f(b\cdot 1) = bf(1)$$

となりますが、$f(b) = 1$ ですから、$b = \dfrac{1}{f(1)}$ となり、b が有理数となって矛盾します。

ハメル基底の中には少なくとも1つ（本当は無限に多くの）無理数が入っています。これはなぜでしょうか。基底の定義を用いて考えてみてください。

§2 高次元空間への旅

§1で正比例関数のもつ性質を調べて、それが線形写像と呼ばれている関数の1つの例であることを述べました。ここで〝1つの〟という言葉はいままでのところでは外せないのですが、実はある意味で、線形写像というものはすべて〝正比例関数〟になってしまいます。以下の節では、そのことを調べてみましょう。

そのために第3章で紹介したベクトル空間という概

念をもう一度考えます。前の章で扱ったベクトル空間は、直線や平面、空間のアフィン構造を捉えるための概念でした。直線とは1つの視線ベクトルをずーっと動かしたものである、あるいは、平面とは、そのような視線ベクトルを2つの方向に対してもっている、そして、このような構造を視覚化したものとして、方眼紙があったわけです。つまり、この場合、方眼紙とは平面のもつ幾何学的構造に着目し、それのみを取り出してみせたプレ・ベクトル空間でした。

ところで、直線には幾何学としての1次元ベクトル空間の構造が存在するのと同時に、数直線として、1次元の量空間の構造が備わっています。実数の理解とはこの2つの側面の相互関係と演算構造の理解に他なりません。すなわち、

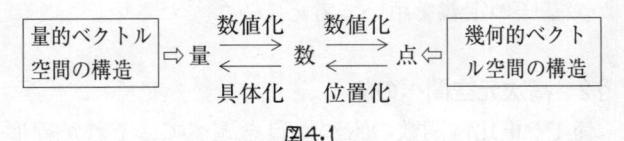

$$\boxed{\text{量的ベクトル空間の構造}} \Rightarrow \text{量} \underset{\text{具体化}}{\overset{\text{数値化}}{\rightleftarrows}} \text{数} \underset{\text{位置化}}{\overset{\text{数値化}}{\rightleftarrows}} \text{点} \Leftarrow \boxed{\text{幾何的ベクトル空間の構造}}$$

図4.1

という関係が一本の数直線の上に乗っていて、それらは共に抽象的にはベクトル空間という構造に支えられています。

さて、正比例という関係は基本的に2つの量の間の関係です。したがって、この関係を一般化していくためには、どうしても多次元量の世界を構成する必要が

あります。

　私たちをとりまく世界にはさまざまな量が存在していますが、それらの量を単独に扱うのではなく、いくつかをまとめて、全体として1つの量として扱うと便利なことはよくあります。たとえば、1つの製品を作るのに必要ないくつかの原料 $a, b, c, \cdots\cdots$ をひとまとめにする、あるいは、1つのもののいくつかの測定データをひとまとめにして表わす、などです。これらの数値 $a, b, c, \cdots\cdots$ などを

$$\left.\begin{pmatrix} a \\ b \\ c \\ \vdots \end{pmatrix}\right\} n 個$$

という形で表わしたものを n 次元の数ベクトルと呼びます。

　ベクトルを太文字の $\boldsymbol{a}, \boldsymbol{b}, \boldsymbol{c}, \cdots\cdots$ で表わすことにします。ついでにベクトルを作っている個々の数値も含めて、次の形で表わすことにしましょう。

$$\boldsymbol{a} = \begin{pmatrix} a_1 \\ a_2 \\ \vdots \\ a_n \end{pmatrix}, \quad \boldsymbol{b} = \begin{pmatrix} b_1 \\ b_2 \\ \vdots \\ b_n \end{pmatrix}$$

ここで2つのベクトルの和 $\boldsymbol{a}+\boldsymbol{b}$ と実数倍 $k\boldsymbol{a}$ を、

$$\boldsymbol{a}+\boldsymbol{b} = \begin{pmatrix} a_1+b_1 \\ a_2+b_2 \\ \vdots \\ a_n+b_n \end{pmatrix}, \quad k\boldsymbol{a} = \begin{pmatrix} ka_1 \\ ka_2 \\ \vdots \\ ka_n \end{pmatrix}$$

と決めます。それぞれがどのような内容をもつのかはベクトルの成りたちにより決まりますが、この和と倍によって n 次元数ベクトルの全体が作る世界が n 次元ベクトル空間という多次元量の世界です。

前にプレ・ベクトル空間としての方眼紙について考えたとき、そこでのベクトルは〝見通せる〟という事実を抽象化した視線ベクトルという矢印の集まりでした。そして、それらのベクトルが端点という点によって表わせていると考えました。ここでの n 次元数ベクトルも、n 個の座標で表わされる n 次元空間内の点と考えられます。したがって両方のベクトル空間は、抽象的な構造として考えれば、まったく同じものと考えることができます。一方のベクトル空間が、直線、平面、空間の中の線形構造、すなわち平行移動や倍操作を取り出して抽象化したものなら、もう一方のベクトル空間が、多次元量の中の線形構造、すなわち同種量の合併としての和操作や倍操作を取り出して抽象化したものになっています（図4.2）。

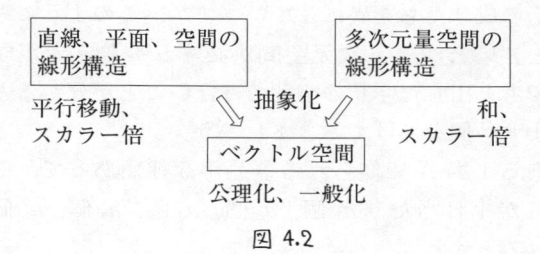

```
┌─────────────────┐         ┌─────────────────┐
│ 直線、平面、空間の│         │ 多次元量空間の  │
│ 線形構造        │         │ 線形構造        │
└─────────────────┘         └─────────────────┘
 平行移動、        ⇘ 抽象化 ⇙        和、
 スカラー倍                         スカラー倍
                ┌──────────┐
                │ベクトル空間│
                └──────────┘
                 公理化、一般化
```

図 4.2

　結局、それらの線形構造のみを取り出して公理化すれば、どちらも第3章「方眼紙とベクトル空間」の中であげたベクトル空間の公理にたどり着くのです。ただし、今度の場合は、多次元量という性格が強調されますので、和やスカラー倍は量の演算という具体性をもちます。すなわち、視線ベクトルの和が2つの方向の和としての方向を表わしていたのに対して、量ベクトル（数ベクトル）の和は同種量の足し算を n 個まとめて記号化したものを表わします（図4.3）。

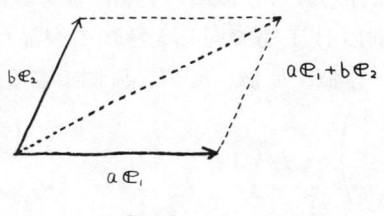

図4.3

　この n 次元空間は、幾何学的な n 次元空間とは多

少その成りたちを異にしていますが、このように考えると、いわゆる n 次元空間が必ずしも数学者が頭の中で考え出した空想の空間ではないことが分かると思います。例をあげておきましょう。

ある工場 A で作られる製品が 5 種類あって、それぞれが 1 日当たり a_1 個、a_2 個、a_3 個、a_4 個、a_5 個作られるとすれば、

$$\boldsymbol{a} = \begin{pmatrix} a_1 \\ a_2 \\ a_3 \\ a_4 \\ a_5 \end{pmatrix}$$

は 5 次元量空間の中の 1 つのベクトルとなり、

$$k\boldsymbol{a} = \begin{pmatrix} ka_1 \\ \vdots \\ ka_5 \end{pmatrix}$$

は k 日間に作られる 5 種類の製品の量を表わします。さらに、別の B 工場で同じ 5 種類の製品が 1 日当たり、b_1 個、b_2 個、b_3 個、b_4 個、b_5 個できるとすれば、

$$\boldsymbol{b} = \begin{pmatrix} b_1 \\ \vdots \\ b_5 \end{pmatrix}$$

が、この工場でできる 5 種の製品の量を表わすベクトルです。このとき、

$$\boldsymbol{a}+\boldsymbol{b} = \begin{pmatrix} a_1+b_1 \\ \vdots \\ a_5+b_5 \end{pmatrix}$$

は何を表わすでしょうか。これは2つの工場を合わせた1日の製品の総量を表わすことになります。

この例のように、本来、多次元量を表わすベクトルは、その中に倍および和という演算をもっていないといけないので、その点少し注意が必要です。これは実際、1次元量すなわち小学校で扱ってきた量についても同じことが成立しているのですが、それはあまり意識されていないのかも知れません。たとえば、身長とテストの点を加えても意味がないとか、第1章の食塩水の濃度が食塩水の合併に対して和にならないとかは、ある意味であたりまえで、意識をしてはいなくても、ちゃんと使っているはずです。一方、これが多次元量となると、加法性がきちんと意識されていないと、量ベクトルとしての意味がなくなってしまいます。

さて、ここでA工場での製品ベクトル、

$$\boldsymbol{a} = \begin{pmatrix} a_1 \\ \vdots \\ a_5 \end{pmatrix}$$

についてもう一度考えてみましょう。このベクトル $\boldsymbol{a}$ は、

$$\boldsymbol{a} = a_1\begin{pmatrix}1\\0\\0\\0\\0\end{pmatrix} + a_2\begin{pmatrix}0\\1\\0\\0\\0\end{pmatrix} + a_3\begin{pmatrix}0\\0\\1\\0\\0\end{pmatrix} + a_4\begin{pmatrix}0\\0\\0\\1\\0\end{pmatrix} + a_5\begin{pmatrix}0\\0\\0\\0\\1\end{pmatrix}$$

と書けますが、ここで、ベクトル

$$\boldsymbol{e}_1 = \begin{pmatrix}1\\0\\0\\0\\0\end{pmatrix}, \ldots, \boldsymbol{e}_5 = \begin{pmatrix}0\\0\\0\\0\\1\end{pmatrix}$$

の意味を考えてみると、$\boldsymbol{e}_1$ は製品1を単位個数（つまり1個）作ることを意味し、

$$a_1\begin{pmatrix}1\\0\\0\\0\\0\end{pmatrix} = \begin{pmatrix}a_1\\0\\0\\0\\0\end{pmatrix}$$

は製品1の総数を表わします。これを以前のプレ・ベクトル空間としての方眼紙のところで述べた視線ベクトルと比較してみれば、

$$\boldsymbol{a} = a_1\boldsymbol{e}_1 + a_2\boldsymbol{e}_2 + a_3\boldsymbol{e}_3 + a_4\boldsymbol{e}_4 + a_5\boldsymbol{e}_5$$

は5個の視線ベクトル方向をもつ幾何学的な5次元空間内のベクトルと考えることができます。すなわち

$$V^n = \left\{ a \mid a = \sum_{i=1}^{n} a_i \boldsymbol{e}_i \right\} \quad \longleftrightarrow \quad R^n = \left\{ a \mid a = \begin{pmatrix} a_1 \\ a_n \end{pmatrix} \right\}$$

n 次元の方眼紙の構造 　　　n 次元の量の全体
としてのベクトル空間　　　としてのベクトル空間

$$\boldsymbol{e}_i = \begin{pmatrix} 0 \\ \vdots \\ 1 \\ \vdots \\ 0 \end{pmatrix}$$

とすると同じ構造
＝
抽象的 n 次元
ベクトル空間

図4.4

という対応で、幾何学的な n 次元ベクトル空間と多次元量の n 次元ベクトル空間は同じ構造をもち、これが1次元ベクトル空間としての数直線の、幾何学的、量的な拡張としての高次元空間となっています。

では、この多次元量の上で正比例関係を扱うとどうなるか、次にそれを考えましょう。

§3 比例定数としての行列

前節であげた工場製品の例をもう一度考えます。簡単のため $n = 2$ として、A工場での製品1，2の出荷個数を x_1, x_2 としましょう。いま、製品1，2を作るための原料が a_1, a_2 と2つあり、それぞれ製品1を1個作るために a_{11}, a_{21}、製品2を1個作るために a_{12}, a_{22} だけ必要であるとします。

製品1をx_1個作るために、a_1は個数に正比例するから$a_{11}x_1$だけ必要、

製品2をx_2個作るために、a_1は同様に正比例で$a_{12}x_2$だけ必要

ということになり、製品1, 2をx_1, x_2個ずつ作るための原料a_1の必要量y_1は、

$$y_1 = a_{11}x_1 + a_{12}x_2 \quad \cdots\cdots(1)$$

同様に原料a_2の必要量y_2は、

$$y_2 = a_{21}x_1 + a_{22}x_2 \quad \cdots\cdots(2)$$

となります。この式を次のように記号化します。

$$A = \begin{pmatrix} a_{11} & a_{12} \\ a_{21} & a_{22} \end{pmatrix}, \quad \boldsymbol{x} = \begin{pmatrix} x_1 \\ x_2 \end{pmatrix}, \quad \boldsymbol{y} = \begin{pmatrix} y_1 \\ y_2 \end{pmatrix}$$

として、

$$\boldsymbol{y} = A\boldsymbol{x} \quad \text{あるいは} \quad \begin{pmatrix} y_1 \\ y_2 \end{pmatrix} = \begin{pmatrix} a_{11} & a_{12} \\ a_{21} & a_{22} \end{pmatrix} \begin{pmatrix} x_1 \\ x_2 \end{pmatrix}$$

と書く。この式は(1)、(2)の式をまとめて書いたもので、Aを2次行列と呼びます。

Aはいくつかの比例関係における比例定数をまとめて記述したものと考えられ、

$$A = \begin{pmatrix} a_{11} & a_{12} \\ a_{21} & a_{22} \end{pmatrix} \begin{matrix} \longleftarrow \text{原料1に関する比例定数} \\ \longleftarrow \text{原料2に関する比例定数} \end{matrix}$$

　　　↑　　↑
　　製品1　製品2
　　に関する　に関する
　　比例定数　比例定数

となっています。Aは行列という内部構造をもった

記号で、ただの比例定数とは異なっていますし、掛け算も縦・横に分解して行なわれますので、普通の積とは大分違っています。

しかしここで大切なことは、2つの2次元量の二重の正比例関係

$y_1 = a_{11}x_1 + a_{12}x_2, \quad y_2 = a_{21}x_1 + a_{22}x_2,$

が、ただ1つの形式

$\boldsymbol{y} = A\boldsymbol{x}$

として表現できたということです。

この形式だけを取り出してみると、

　　1次元の正比例　　n次元の正比例

　　$y = ax$　　　　　$\boldsymbol{y} = A\boldsymbol{x}$

　aは比例定数　　Aは比例定数としての行列

と、2つはまったく同じ形式をしています。数学は、最終段階では、あらゆる意味を捨て去った純粋な形式、すなわち、意味の入れ物だけを研究対象とするという側面があります。この意味で、2つの正比例関係が同一の形式で表現されたということは、見かけよりずっと大切なことです。つまり形式という入れ物の側面だけを取り出してみると、変化する量が1つから2つへ増えたとしても、正比例である限りまったく同じ形式で示され、したがって、1変数のときの類推、アナロジーで考えられる部分がある、ということです。

ところで1変数の場合、正比例関数 $y = ax$ は線形

写像の式表現でした。2次元以上のときもこの事実が成立するのでしょうか。

定理 $\boldsymbol{R}^2$ を 2 次元量ベクトル空間とする。

$f: \boldsymbol{R}^2 \to \boldsymbol{R}^2$ が

(1) $f(\boldsymbol{a}+\boldsymbol{b}) = f(\boldsymbol{a})+f(\boldsymbol{b})$

(2) $f(k\boldsymbol{a}) = kf(\boldsymbol{a})$

をみたすとき、f を線形写像という。すべての線形写像 $\boldsymbol{y} = f(\boldsymbol{x})$ はある行列 A を用いて、

$\quad \boldsymbol{y} = A\boldsymbol{x}$

と表現できる。すなわち高次元の正比例関数が線形写像である。

［証明］ $\boldsymbol{R}^2 \ni \boldsymbol{x} = \begin{pmatrix} x_1 \\ x_2 \end{pmatrix}$ は単位量 $\boldsymbol{e}_1 = \begin{pmatrix} 1 \\ 0 \end{pmatrix}$, $\boldsymbol{e}_2 = \begin{pmatrix} 0 \\ 1 \end{pmatrix}$ を用いて、

$\quad \boldsymbol{x} = x_1\boldsymbol{e}_1 + x_2\boldsymbol{e}_2$

と表わせる。

f の線形性を用いて、

$\quad f(\boldsymbol{x}) = f(x_1\boldsymbol{e}_1+x_2\boldsymbol{e}_2) = x_1 f(\boldsymbol{e}_1) + x_2 f(\boldsymbol{e}_2)$

であるが、

$\quad f(\boldsymbol{e}_1) = \begin{pmatrix} a_{11} \\ a_{21} \end{pmatrix}, \quad f(\boldsymbol{e}_2) = \begin{pmatrix} a_{12} \\ a_{22} \end{pmatrix}$

とすると、

$\quad f(\boldsymbol{e}_1) = a_{11}\boldsymbol{e}_1 + a_{21}\boldsymbol{e}_2, \quad f(\boldsymbol{e}_2) = a_{12}\boldsymbol{e}_1 + a_{22}\boldsymbol{e}_2$

であるから、

$$f(\boldsymbol{x}) = x_1(a_{11}\boldsymbol{e}_1+a_{21}\boldsymbol{e}_2)+x_2(a_{12}\boldsymbol{e}_1+a_{22}\boldsymbol{e}_2)$$
$$= (x_1a_{11}+x_2a_{12})\boldsymbol{e}_1+(x_1a_{21}+x_2a_{22})\boldsymbol{e}_2$$
$$= \begin{pmatrix}a_{11}x_1+a_{12}x_2\\a_{21}x_1+a_{22}x_2\end{pmatrix} = \begin{pmatrix}a_{11} & a_{12}\\a_{21} & a_{22}\end{pmatrix}\begin{pmatrix}x_1\\x_2\end{pmatrix}$$
$$\therefore \quad \boldsymbol{y} = \begin{pmatrix}y_1\\y_2\end{pmatrix} = \begin{pmatrix}a_{11} & a_{12}\\a_{21} & a_{22}\end{pmatrix}\begin{pmatrix}x_1\\x_2\end{pmatrix} = A\boldsymbol{x}$$

[証明終]

したがって、高次元の量の場合であっても、線形性という性質が正比例という関係を特徴づけていることが分かります。

1次元のとき、正比例関数 $y = f(x)$ に対して、比例定数 a が、$a = f(1)$ であったのと同様に、2次元のときも（これはさらに次元が上がっても同様です）正比例関数 $\boldsymbol{y} = f(\boldsymbol{x})$ に対して、

$$f(\boldsymbol{e}_1) = \begin{pmatrix}a_{11}\\a_{21}\end{pmatrix}, \qquad f(\boldsymbol{e}_2) = \begin{pmatrix}a_{12}\\a_{22}\end{pmatrix}$$

とすれば、

$$A = \begin{pmatrix}a_{11} & a_{12}\\a_{21} & a_{22}\end{pmatrix}$$

となっています。すなわち、比例定数 a が、いわゆる単位当たりの量となっているように、行列 A も単位当たりの量の拡張になっていると考えられます。

ところが、実はここのところに、1次元量と多次元量の1つの大きな差異が潜んでいるのですが、それは

後で節を改めて調べることにして、ここでは、もうしばらく多次元量の正比例、$y = Ax$ について考えてみましょう。

§4 1次方程式と行列式

前節で多次元量の正比例関係が行列という縦・横の構造を持った数の表 A（行列というものを一番単純に定義すれば、mn 個の数を縦・横に並べた $m \times n$ サイズの数の表である、といえます）を用いて、

$$y = Ax$$

と表現できることを調べました。この場合、A はただの数の表というより、ある種の1次関係式をまとめて略記した記号という性格を強くもっています。要するに、いくつかの比例定数をまとめて書いたものです。さらに、この表記が小学校以来のスタンダードな正比例 $y = ax$ と同じ形式をしていることが大切であると述べました。同じ形式をしていることが大切であるのなら、その形式だけからどれくらいのことを引き出すことができるでしょうか。この節では、そのことについて調べてみましょう。

まず、$y = ax$ のほうから始めます。この式は、y は a を比例定数として x に正比例していることを表わしていますが、x を変化させると、それに伴って y が変化していき、特定の x に対して対応する y を具

体的に計算する手続きを与えていると考えることができます。同様にして、$\boldsymbol{y} = A\boldsymbol{x}$ の方も A が与えられれば、特定の $\boldsymbol{x}$ に対して、具体的に $\boldsymbol{y}$ を計算することができます。

たとえば、$n = 2$ として、
$$A = \begin{pmatrix} 1 & 2 \\ 3 & 4 \end{pmatrix}, \quad \boldsymbol{x} = \begin{pmatrix} 5 \\ 6 \end{pmatrix}$$
であるなら、
$$\boldsymbol{y} = \begin{pmatrix} 1 & 2 \\ 3 & 4 \end{pmatrix} \begin{pmatrix} 5 \\ 6 \end{pmatrix} = \begin{pmatrix} 1\times 5 + 2\times 6 \\ 3\times 5 + 4\times 6 \end{pmatrix} = \begin{pmatrix} 17 \\ 39 \end{pmatrix}$$
という具合です。これではあまり簡単すぎるようですが、これから、この逆の問題を考えてみようと思います。つまり、先に y や $\boldsymbol{y}$ の方を与えておいて x や $\boldsymbol{x}$ を求めてみようというわけです。

$y = ax$ において y に特定の値 b を与えたとき、a 倍すると b となる x の値は何か、という問題は、中学校で学んだ1次方程式の問題です。すなわち、

$ax = b$ 　1次方程式

［解法］(1)　$a \neq 0$ のとき

　　両辺を a で割って　$x = \dfrac{b}{a}$

　(2)　$a = 0$ のとき、

　$b = 0$ なら、x は何でもよい（不定）。

　$b \neq 0$ なら、そのような x はない（不能）。

これが解法でした。それなら、$y = Ax$ において y にある値 $b = \begin{pmatrix} b_1 \\ b_2 \end{pmatrix}$ を与えたとき、$Ax = b$ もこの解法のアナロジーで解けないものでしょうか。これにはいくつかのポイントがあります。

(1) $Ax = b$ の両辺を〝A で割る〟ことになるが、〝A で割る〟とはどういうことなのか。

(2) そのとき、$a \neq 0$ にあたる条件はどうなるのか。

この2点がクリアーできるなら、$Ax = b$ という多次元量の1次方程式（これは普通は何というのでしょうか。それは後で考えます）も、

［解法］(1) 〝A で割れる〟なら $x = \dfrac{b}{A}$

　　　　(2) 〝A で割れない〟なら不定または不能

として、この方程式を解くことができそうです。果たして〝A で割る〟ことができるのでしょうか。そのために、さらに小学校時代にさかのぼって、割り算について考えてみる必要があります。

割り算の内容的な側面については、第1章で調べたとおり、

　単位当たりの量×いくつ分 ＝ 全体の量（積分型掛け算）

から、

全体の量÷いくつ分 ＝ 単位当たりの量（微分型割り算）

　　全体の量÷単位当たりの量 ＝ いくつ分

という2通りの割り算が考えられます。ここで、1次元量の世界では、ここに現われるすべての量が1つの数で表わされますから、どちらの割り算も形式的には同じものとなります。ところが、多次元量の世界では、全体の量といくつ分とは多次元量としての量ベクトルですが、単位当たり量としてのAは比例定数（内包量）の拡張としての行列でした。したがって、この2つの〝割り算〟はまったく異なったものと考えなくてはなりません。普通は線形性だけを扱う多次元量の世界では、全体量÷いくつ分という微分型割り算（単位当たり量の第一用法、等分除）は考えず、いくつ分を求める割り算（単位当たり量の第三用法、包含除）を拡張した形で考えます。

　多次元量世界での微分型割り算はベクトルの関数の微分として、ベクトル解析という分野で扱われます。これはベクトル$\begin{pmatrix}x\\y\end{pmatrix}$がベクトル$\begin{pmatrix}u\\v\end{pmatrix}$の関数になっているとき、すなわち、$x = \varphi(u,v), y = \psi(u,v)$となっているとき、

$$dx = \frac{\partial \varphi}{\partial u}du + \frac{\partial \varphi}{\partial v}dv, \qquad dy = \frac{\partial \psi}{\partial u}du + \frac{\partial \psi}{\partial u}dv$$

より、

$$\begin{pmatrix} dx \\ dy \end{pmatrix} = \begin{pmatrix} \dfrac{\partial \varphi}{\partial u} & \dfrac{\partial \varphi}{\partial v} \\ \dfrac{\partial \psi}{\partial u} & \dfrac{\partial \psi}{\partial v} \end{pmatrix} \begin{pmatrix} du \\ dv \end{pmatrix}$$

として、

$$\begin{pmatrix} \dfrac{\partial \varphi}{\partial u} & \dfrac{\partial \varphi}{\partial v} \\ \dfrac{\partial \psi}{\partial u} & \dfrac{\partial \psi}{\partial v} \end{pmatrix}$$

を求める計算に発展すると考えられます。この式で特に φ, ψ が多次元正比例として $x = au + bv$, $y = cu + dv$ となっているなら、

$$A = \begin{pmatrix} a & b \\ c & d \end{pmatrix} \quad が \quad \begin{pmatrix} x \\ y \end{pmatrix} \div \begin{pmatrix} u \\ v \end{pmatrix} \quad にあたる$$

とみなせます。しかし、これは普通は割り算の表記を用いることはありません。

さて、本論に戻って、全体量÷単位当たりの量について考えます。これを形式的な側面から考えてみましょう。$a \div b = \dfrac{a}{b}$ を形式的側面だけから考えてみると、b の逆数 b^{-1} があるなら、

$$a \div b = a \times b^{-1}$$

として、b で割るとは b の逆数を掛けること、といい直すことができます。では b の逆数とは何かといえば、

b の逆数とは b に掛けたとき 1 となる数のことです。では数 1 とは何かとだんだん源流をたどってみると、1 とはどんな数に掛けてもその数が変わらない数のことです。すなわち、すべての数 a について

　　$a \times x = x \times a = a$

となる数 x を 1 と書く（乗法の単位元）、

　　$b \times y = y \times b = 1$

となる数 y を b の逆数といい $b^{-1}\left(=\dfrac{1}{b}\right)$ と書く、ということです。ここまでくると、

　　　$ax = b$　　　1 次方程式

[解法]　(1)　$a \neq 0$ のとき a の逆数 a^{-1} がある。

　　　　$\therefore\ a^{-1}(ax) = a^{-1}b$

　　　　　$(a^{-1}a)x = a^{-1}b$

　　　　　　　$1x = a^{-1}b$

　　　　　　　　$x = a^{-1}b$

　　　　(2)　$a = 0$ のとき、不定または不能。

として、形式的に 1 次方程式を解くことができます。

　これで〝A で割る〟ということの形式的な側面がみつかりました。すなわち、A の〝逆数〟ならぬ〝逆行列〟とは何か、さらに、1 にあたる行列は何か、この 2 つが解決できれば、〝A で割る〟ことができるのです。順に見ていきましょう。

　数の場合、1 とは $1 \times x = x \times 1 = x$ をみたす数で

した。$x = 1 \times x$ の方で考えてみると、比例定数としての 1 は掛け算をしても x を変えない数です。多次元量の場合も同様に考えて、1 にあたる行列 E を、

$$\begin{pmatrix} x_1 \\ x_2 \end{pmatrix} = E \begin{pmatrix} x_1 \\ x_2 \end{pmatrix}$$

という性質をもつ行列として決めればよさそうです。

$$E = \begin{pmatrix} a & b \\ c & d \end{pmatrix}$$

として、

$$\begin{pmatrix} x_1 \\ x_2 \end{pmatrix} = \begin{pmatrix} a & b \\ c & d \end{pmatrix}\begin{pmatrix} x_1 \\ x_2 \end{pmatrix}$$

ですが、行列の掛け算の約束から上の式は

$$x_1 = ax_1 + bx_2$$
$$x_2 = cx_1 + dx_2$$

となり、両辺を比べて $a = d = 1, b = c = 0$ となりますから、

$$E = \begin{pmatrix} 1 & 0 \\ 0 & 1 \end{pmatrix}$$

となります。この E が多次元量の正比例における 1 にあたる量で、単位行列（この場合は 2 次元の単位行列）といいます。ここで、数 1 との違いを強調しておきましょう。すなわち、

$$\begin{pmatrix} 1 & 0 \\ 0 & 1 \end{pmatrix}\begin{pmatrix} x_1 \\ x_2 \end{pmatrix} = \begin{pmatrix} x_1 \\ x_2 \end{pmatrix}$$

第4章 1次変換という名の正比例 157

ですが、このままでは $\begin{pmatrix} x_1 \\ x_2 \end{pmatrix}$ の右側から $\begin{pmatrix} 1 & 0 \\ 0 & 1 \end{pmatrix}$ を掛けることはできません（158ページで述べるように、行列の掛け算では〝交換法則〟が成り立たないので）。

では次に逆行列について考えましょう。数の場合、x の逆数 x^{-1} とは、$x \times x^{-1} = x^{-1} \times x = 1$ となる数 x^{-1} のことでした。これをそのまま多次元量に拡張して、行列 A に対して A の逆行列 A^{-1} とは、

$$A \cdot A^{-1} = A^{-1} \cdot A = E$$

となる行列 A^{-1} のことをいいます、と決めればよさそうです。しかし、このように決めるためには、行列の掛け算とは何かをきちんと決めておかなくてはなりません。そのために、もう一度正比例関数について考えます。

x を a 倍し、さらに b 倍すると、$b(ax) = (ba)x$ となりますから、a 倍、b 倍という2つの正比例を合成すると ba 倍という正比例になります。これを多次元に拡張して、$\begin{pmatrix} x_1 \\ x_2 \end{pmatrix}$ を $\begin{pmatrix} a & b \\ c & d \end{pmatrix}$ 倍し、さらに $\begin{pmatrix} e & f \\ g & h \end{pmatrix}$ 倍すると

$$\begin{pmatrix} a & b \\ c & d \end{pmatrix}\begin{pmatrix} x_1 \\ x_2 \end{pmatrix} = \begin{pmatrix} ax_1 + bx_2 \\ cx_1 + dx_2 \end{pmatrix}$$

ですから、

$$\begin{pmatrix} e & f \\ g & h \end{pmatrix}\begin{pmatrix} ax_1 + bx_2 \\ cx_1 + dx_2 \end{pmatrix} = \begin{pmatrix} e(ax_1 + bx_2) + f(cx_1 + dx_2) \\ g(ax_1 + bx_2) + h(cx_1 + dx_2) \end{pmatrix}$$

$$= \begin{pmatrix} (ea+fc)x_1 + (eb+fd)x_2 \\ (ga+hc)x_1 + (gb+hd)x_2 \end{pmatrix}$$

$$= \begin{pmatrix} ea+fc & eb+fd \\ ga+hc & gb+hd \end{pmatrix} \begin{pmatrix} x_1 \\ x_2 \end{pmatrix}$$

となり、$\begin{pmatrix} ea+fc & eb+fd \\ ga+hc & gb+hd \end{pmatrix}$ 倍されます。そこで、

$$\begin{pmatrix} e & f \\ g & h \end{pmatrix} \begin{pmatrix} a & b \\ c & d \end{pmatrix} = \begin{pmatrix} ea+fc & eb+fd \\ ga+hc & gb+hd \end{pmatrix}$$

と決めます。この規則にしたがって

$$\begin{pmatrix} a & b \\ c & d \end{pmatrix} \begin{pmatrix} e & f \\ g & h \end{pmatrix}$$

を計算すると、

$$\begin{pmatrix} ae+bg & af+bh \\ ce+dg & cf+dh \end{pmatrix}$$

となり、このとき、1変数の場合 $ab = ba$ となるのと違って、先に $A = \begin{pmatrix} a & b \\ c & d \end{pmatrix}$ 倍し後から $B = \begin{pmatrix} e & f \\ g & h \end{pmatrix}$ 倍するのと、先に B 倍して後から A 倍するのとで結果が異なります。これは多次元量の世界と1次元量の世界の重要な違いです。

これで逆行列を具体的に求める準備ができました。$A = \begin{pmatrix} a & b \\ c & d \end{pmatrix}$ に対して、$A^{-1} = \begin{pmatrix} x & y \\ z & w \end{pmatrix}$ とおいて、$A^{-1} \cdot A$ を計算してみると、

$$A^{-1} \cdot A = \begin{pmatrix} x & y \\ z & w \end{pmatrix} \begin{pmatrix} a & b \\ c & d \end{pmatrix}$$
$$= \begin{pmatrix} xa+yc & xb+yd \\ za+wc & zb+wd \end{pmatrix} = \begin{pmatrix} 1 & 0 \\ 0 & 1 \end{pmatrix}$$

となり、結局、

$$\begin{cases} ax+cy=1 \\ bx+dy=0 \end{cases} \quad \begin{cases} az+cw=0 \\ bz+dw=1 \end{cases}$$

という2組の連立方程式を解くことになります。これを解けば $ad-bc \neq 0$ のとき、

$$x = \frac{d}{ad-bc}, \quad y = \frac{-b}{ad-bc}$$
$$z = \frac{-c}{ad-bc}, \quad w = \frac{a}{ad-bc}$$

が得られます。まとめると、

定理 2次行列 $A = \begin{pmatrix} a & b \\ c & d \end{pmatrix}$ について、$ad-bc \neq 0$ のとき、逆行列

$$A^{-1} = \begin{pmatrix} \dfrac{d}{ad-bc} & \dfrac{-b}{ad-bc} \\ \dfrac{-c}{ad-bc} & \dfrac{a}{ad-bc} \end{pmatrix}$$

が存在する。

という定理になります。ここに出てきた $ad-bc$ という数は A がどういう性格の行列なのかを決める重要な役割をもっています。これを行列 A の行列式と

いい、$\det A$ と書きます。

以上ですべての用意ができました。いよいよ方程式 $A\boldsymbol{x} = \boldsymbol{b}$ を解いてみましょう。

$A\boldsymbol{x} = \boldsymbol{b}$

［解］　$\det A \neq 0$ なら逆行列 A^{-1} が存在する。

∴　両辺に A^{-1} を左から掛けて、

$A^{-1}A\boldsymbol{x} = A^{-1}\boldsymbol{b}$

$E\boldsymbol{x} = A^{-1}\boldsymbol{b}$

∴　$\boldsymbol{x} = A^{-1}\boldsymbol{b}$

$\det A = 0$ なら A^{-1} がないので不定または不能。

これできれいに方程式 $A\boldsymbol{x} = \boldsymbol{b}$ が解けました。掛け算に多少の条件（交換ができない）がつきましたが、1次方程式 $ax = b$ とまったく同じ形式です。さらに、$\boldsymbol{x}$, $\boldsymbol{b}$, A の中身を吟味してみると、

多次元量の1次方程式
$A\boldsymbol{x} = \boldsymbol{b}$
$\begin{pmatrix} a & b \\ c & d \end{pmatrix} \begin{pmatrix} x_1 \\ x_2 \end{pmatrix} = \begin{pmatrix} b_1 \\ b_2 \end{pmatrix}$

連立方程式
$\begin{cases} ax_1 + bx_2 = b_1 \\ cx_1 + dx_2 = b_2 \end{cases}$

となっていますから、結局、$A\boldsymbol{x} = \boldsymbol{b}$ は連立方程式の記号的な表現であり、行列というパックを考案することによって、連立方程式を普通の形をした1次方程式に形式的に書き直せたわけです。したがって、$x = A^{-1}\boldsymbol{b}$ をもう一度成分ごとに書き直すことによって、

連立方程式の解の公式を作ることができます。この公式を*クラーメルの公式*といいます。

n 次元の場合、A が逆行列をもつための条件であった $\det A \neq 0$ が多少複雑になりますが、本質的には2次元の場合と変わりません。

このように、小学校以来の正比例関係 $y = ax$ を出発点にして、量を多次元化して得られる正比例関数を扱う数学が線形代数学です。結局、正比例はこの線形代数学の出発点だったのです。

§5 倍と正比例

さて、私たちは1次元量の正比例の一般化としての多次元量の正比例を考察し、ベクトルと行列という道具を用いて、$\boldsymbol{y} = A\boldsymbol{x}$ という正比例の表現を手に入れました。ここで、行列 A は多次元量の比例定数というべきもので、1次元の正比例関係 $y = ax$ の a にあたるものでした。1次元の正比例関係 $y = ax$ において、a は単位当たり量となり、具体的な例でいえば、a が時速50km、すなわち50km/h のとき、自動車の走行距離 y は走った時間 x に正比例し、

$y \,\mathrm{km} = 50 \,\mathrm{km/h} \times x$

となります。行列 A はこの単位当たり量を多次元に拡張したものと考えられます。

ところで、1次元の正比例については、もう1つ別

の側面、「倍」というものがあります。たとえば、ゴム紐を伸ばすことを考えます。力を加えるとゴム紐が2倍に伸びました。この関係も、$y = 2x$ と表現されますが、今度の場合比例定数の2は2倍するという操作を表わしていて、時速の時のような内包量ではありません。すなわち、距離と時間の正比例関係においては、比例定数 a を中だちにして、時間と距離という異質の量の正比例関係が表現されています。ところが、ゴム紐を k 倍に伸ばす正比例関係、$y = kx$ においては、x も y も共にゴム紐の長さであって、両者は同質なものです。すなわち、1次元の正比例関係の記号表現、$y = ax$ はこのように異なる2種類の正比例を同じ記号で表わしています。

一方、多次元量の正比例 $\boldsymbol{y} = A\boldsymbol{x}$ はいままでに見てきたように、はっきりと単位当たり量の拡張による正比例でした。では多次元量の場合、「倍」という操作はどのように記号表現されるのでしょうか。ここに、前に述べた1次元量と多次元量の1つの差異があります。

ベクトルという多次元量には最初からスカラー倍という操作が内蔵されていました。すなわち、

$$\boldsymbol{x} = \begin{pmatrix} x_1 \\ \vdots \\ x_n \end{pmatrix} \text{ のとき、} k\boldsymbol{x} = \begin{pmatrix} kx_1 \\ \vdots \\ kx_n \end{pmatrix}$$

という操作がそれです。これがベクトルを k 倍する

ことにあたり、そもそもベクトルという量はk倍できることが仮定されている量として規定されています。これは、視線ベクトルが、最初からずーっと延長されるものとして導入されたことと同様なのです。したがって、ベクトルをk倍するという形での正比例は、内包量の導入によって初めてきちんと定義される正比例とは質を異にしていたのです。これが1次元量の正比例関係では、どちらも実数の積として表現されていました。ところが、多次元の量になって、この2つの正比例関係ははっきり区別されるべきものとして、その本当の姿を見せてくれるのです。これは、2次元以上のベクトル量という概念を導入することによって初めて見えてくる正比例関係の新しい姿だと思います。

1次元の正比例
$$y = ax$$

$$\begin{pmatrix} y_1 \\ \vdots \\ y_n \end{pmatrix} = \begin{pmatrix} a_{11} \cdots a_{1n} \\ \vdots \\ a_{n1} \cdots a_{nn} \end{pmatrix} \begin{pmatrix} x_1 \\ \vdots \\ x_n \end{pmatrix} \qquad \begin{pmatrix} y_1 \\ \vdots \\ y_n \end{pmatrix} = k \begin{pmatrix} x_1 \\ \vdots \\ x_n \end{pmatrix}$$

$$\boldsymbol{y} = A\boldsymbol{x} \qquad\qquad \boldsymbol{y} = k\boldsymbol{x}$$

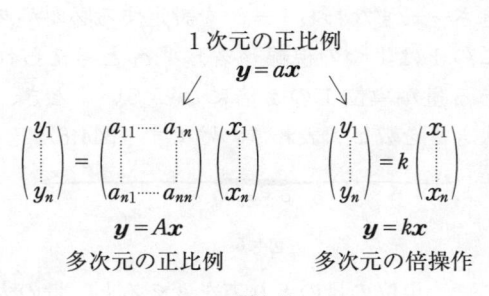

多次元の正比例　　　　多次元の倍操作

図4.5

§6 線形代数学入門

最後にこの分野がどのように発展していくのかを簡単に眺めておきましょう。1つの重要なポイントは、第3章で扱った平面や空間のアフィン構造を担う視線ベクトルの全体としてのベクトル空間と、この章で扱った多次元量の正比例構造を扱うベクトル空間とをどのような形で融合させていくかです。この2つはどちらも線形構造を扱っていますが、その2つの構造は生まれを異にしている異母兄弟なので、その役割を微妙に変えています。しかし、ここでも、正比例関係がその橋渡しをしてくれます。

まず、直線上の量ベクトルと視線ベクトルの関係について考えましょう。私たちは量の大きさを数の大小によって表現していますが、そのためには、単位となる大きさ——すなわち1——を設定する必要があります。この1は1つの視線ベクトル e_1 と考えられますが、ある量が単位1の x 倍になっているとき、その量の大きさを数 x で表わすわけです（図4.6）。

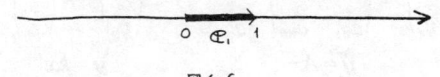

図4.6

ここで、単位の量のとり方を変えると、量の大きさを表わす数字 x も変わります。たとえば、単位を元の単位の1/2に変えると、量 x は $2x$ に変わります。

ではこのような単位の変換に対して正比例関係はどのように変わるでしょうか。

$y = ax$ という正比例関数は比例定数を a とし、x を a 倍するという操作を表わしています。では、単位の変換を行なったとき、a 倍するという操作は変化するでしょうか。単位を1すなわち e_1 から、別の単位 e_1' に変えると、x は x' に、y は y' に変わりますが、量そのものは変化しないので、

$$x'e_1' = xe_1, \quad y'e_1' = ye_1$$

という関係式が成立します。さらに e_1' という新しい単位量を単位量 e_1 で測ったときの大きさを、

$$e_1' = ke_1$$

とすると、

$$x'e_1' = x'(ke_1) = (x'k)e_1 = xe_1$$

したがって、$x = kx'$、同様に $y = ky'$ となります。

さて、正比例 $y = ax$ はもともと、単位の量が設定されているということを強調するなら、

$$ye_1 = a(xe_1) = (ax)e_1$$

と書くべきものですが、単位量 e_1 を省略して、

$$y = ax$$

と表記しているわけです。ここに先ほどの関係を代入すると、

$$ky' = a(kx')$$

すなわち、

$$ky' = (ak)x', \quad y' = (k^{-1}ak)x'$$

となり、$k^{-1}ak = k^{-1}ka = a$ ですから、

$$y' = ax'$$

すなわち、新しい数値 x', y' についても y' は x' の a 倍となっています。つまり、「a 倍する」という表現は単位量の設定によらず、正比例関係を特徴づけています。別の言葉でいえば、正比例は比例定数によって決定するということになります。これは当然のことのように思えますが、多次元量のときも成立するのでしょうか。

前に調べたように、平面は 2 方向の基本的な視線ベクトル e_1, e_2 を持ち、あらゆる方向は、e_1, e_2 を用いて、

$$a_1 e_1 + a_2 e_2$$

と示されました。これと量ベクトル

$$\boldsymbol{x} = \begin{pmatrix} x_1 \\ x_2 \end{pmatrix}$$

との関係はどうなっているのでしょう。

ベクトル $\begin{pmatrix} x_1 \\ x_2 \end{pmatrix}$ は 2 つの量（を数で表わしたもの）を x_1, x_2 と並べたものでしたが、それぞれの量が 1 次元量ですから、先ほどの解釈によれば、x_1 とは単位量の x_1 倍、x_2 とは単位量の x_2 倍です。それぞれの単位量はこの場合 $\begin{pmatrix} 1 \\ 0 \end{pmatrix}$ と $\begin{pmatrix} 0 \\ 1 \end{pmatrix}$ となり、

図4.7

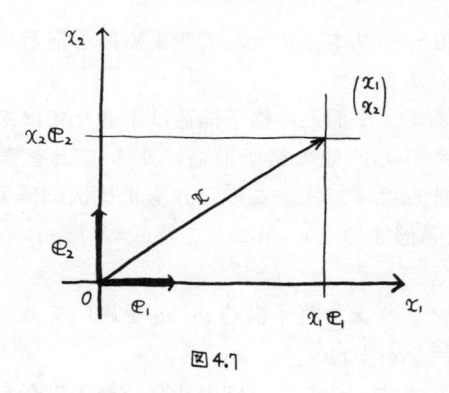

$$\begin{pmatrix} x_1 \\ x_2 \end{pmatrix} = x_1 \begin{pmatrix} 1 \\ 0 \end{pmatrix} + x_2 \begin{pmatrix} 0 \\ 1 \end{pmatrix}$$

です。ここで $\begin{pmatrix} 1 \\ 0 \end{pmatrix}, \begin{pmatrix} 0 \\ 1 \end{pmatrix}$ をそれぞれ視線ベクトル e_1, e_2 と考えれば、

$$x = x_1 e_1 + x_2 e_2$$

となり、これが格子構造のところで述べたことに他なりません（図4.7）。つまり量ベクトル

$$x = \begin{pmatrix} x_1 \\ x_2 \end{pmatrix}$$

を考えるときは、普通はごく自然に

$$e_1 = \begin{pmatrix} 1 \\ 0 \end{pmatrix}, \qquad e_2 = \begin{pmatrix} 0 \\ 1 \end{pmatrix}$$

という2つの基本ベクトルで決まる格子構造を同時に考えているのです。

ところが、平面上の格子構造は1通りではありませんでしたから、他の格子構造によって x を表わすことも可能なはずです。このときも正比例関係 $y = Ax$ は x を A 倍するということで特徴づけられるでしょうか。

量ベクトル x を格子構造 e_1, e_2 を用いて、

$$x = x_1 e_1 + x_2 e_2$$

と表わします。ここで、別の新しい格子構造をとり、単位となる基本ベクトル e_1, e_2 を別の基本ベクトル e_1', e_2' に変えたとき、新しいベクトル e_1', e_2' は e_1, e_2 を用いて、

$$e_1' = k_{11} e_1 + k_{21} e_2, \qquad e_2' = k_{12} e_1 + k_{22} e_2$$

と示されます。したがって、新しい格子構造 e_1', e_2' に関して、

$$x = x_1' e_1' + x_2' e_2'$$

とすれば、

$$\begin{aligned}
x &= x_1' e_1' + x_2' e_2' \\
&= x_1'(k_{11} e_1 + k_{21} e_2) + x_2'(k_{12} e_1 + k_{22} e_2) \\
&= (k_{11} x_1' + k_{12} x_2') e_1 + (k_{21} x_1' + k_{22} x_2') e_2
\end{aligned}$$

一方、$x = x_1 e_1 + x_2 e_2$ ですから、結局、

$$x_1 = k_{11} x_1' + k_{12} x_2', \qquad x_2 = k_{21} x_1' + k_{22} x_2'$$

となり行列の表記法を用いれば、

$$\begin{pmatrix}x_1\\x_2\end{pmatrix}=\begin{pmatrix}k_{11}&k_{12}\\k_{21}&k_{22}\end{pmatrix}\begin{pmatrix}x_1{'}\\x_2{'}\end{pmatrix}$$

となります。

ここに現われた行列 $\begin{pmatrix}k_{11}&k_{12}\\k_{21}&k_{22}\end{pmatrix}$ が2つの格子構造の間の関係を決めている行列 K で、

$$\begin{pmatrix}x_1\\x_2\end{pmatrix}=\boldsymbol{x},\qquad\begin{pmatrix}x_1{'}\\x_2{'}\end{pmatrix}=\boldsymbol{x}'$$

とすれば、1次元のときと同様に、

$$\boldsymbol{x}=K\boldsymbol{x}',\ \boldsymbol{y}=K\boldsymbol{y}'$$

という関係が得られます。したがって、これらを正比例の式 $\boldsymbol{y}=A\boldsymbol{x}$ に代入すれば、

$$K\boldsymbol{y}'=A(K\boldsymbol{x}')=(AK)\boldsymbol{x}'$$

となります。

ところで、行列 K は $\{\boldsymbol{e}_1,\boldsymbol{e}_2\}$ と $\{\boldsymbol{e}_1{'},\boldsymbol{e}_2{'}\}$ の相互関係を決めていますから、$\{\boldsymbol{e}_1{'},\boldsymbol{e}_2{'}\}$ と $\{\boldsymbol{e}_1,\boldsymbol{e}_2\}$ の関係を決めているとも考えられ、これより K は必ず逆行列 K^{-1} をもつことが分かります。したがって上の式から、両辺に左から K^{-1} を掛けて、

$$\boldsymbol{y}'=(K^{-1}AK)\boldsymbol{x}'$$

となり、今度は、〝比例定数〟が A から $K^{-1}AK$ に変わってしまいます。1次元のとき、数については $k^{-1}ak=k^{-1}ka=a$ となってくれたのですが、行列については掛け算が交換可能でないので、$K^{-1}AK=$

$K^{-1}KA = A$ とはなってくれません。

ここへきて、1次元量と2次元量の違いがでてきました。その違いは量を支えている演算システムの構造の差異として現われました。1次元ベクトル空間が、実際は実数全体の四則演算という構造の上にのっていたのに対して、多次元ベクトル空間は、行列とベクトルの四則演算という構造の上にのっています。そして行列の掛け算は、変換の合成が一般に交換可能にならないという性質のために、交換可能になりません。つまり、1次元の場合、a 倍してから b 倍しても、b 倍してから a 倍してもどちらも ab 倍したことになりますが、2次元以上の場合、A 倍してから B 倍するのと B 倍してから A 倍するのとでは、2つの量の絡まり具合が関係して同じにならないのです。このために、線形写像 $f(\boldsymbol{x})$ を比例定数 A で特徴づけることができなくなり、$f(\boldsymbol{x})$ を特徴づける別の指標が必要になります。この指標を $f(\boldsymbol{x})$ の、あるいは $f(\boldsymbol{x}) = A\boldsymbol{x}$ と書いたときの A の固有値といいます。

固有値とは大略次のような意味をもちます。

正比例関係
$$\begin{pmatrix} y_1 \\ y_2 \end{pmatrix} = \begin{pmatrix} a_{11} & a_{12} \\ a_{21} & a_{22} \end{pmatrix} \begin{pmatrix} x_1 \\ x_2 \end{pmatrix}$$
において、もし $a_{12} = a_{21} = 0$, $a_{11} = a_{22} = a$ なら、この式は

$$\begin{pmatrix} y_1 \\ y_2 \end{pmatrix} = \begin{pmatrix} a & 0 \\ 0 & a \end{pmatrix} \begin{pmatrix} x_1 \\ x_2 \end{pmatrix}$$

となり、掛け算を実行すると、

$y_1 = ax_1, \quad y_2 = ax_2$

となり、x と y の関係は2つの同一の1次元正比例に分解できます。このとき f、あるいは A は単純であるといいます。また $a_{11} \neq a_{22}$ であっても、$a_{12} = a_{21} = 0$ なら、

$$\begin{pmatrix} y_1 \\ y_2 \end{pmatrix} = \begin{pmatrix} a & 0 \\ 0 & b \end{pmatrix} \begin{pmatrix} x_1 \\ x_2 \end{pmatrix}, \quad \begin{matrix} y_1 = ax_1 \\ y_2 = bx_2 \end{matrix}$$

となり、この場合は2組の量 (x_1, y_1), (x_2, y_2) がそれぞれ異なる正比例となります。このとき f、あるいは A は半単純であるといいます。

多次元の正比例 $y = Ax$ に対して、格子構造の単位量 e_1, e_2 をうまく選んで f をいくつかの正比例に分解できるだろうか、すなわち f の性質をある方向への正比例を組み合わせたものとして表現できるだろうか、これが可能なとき、その比例定数、すなわち

$$\begin{pmatrix} a & 0 \\ 0 & b \end{pmatrix}$$

となったときの a, b を f の固有値と呼びます。

この値は、もし存在するのなら、多次元正比例 f そのものによって決定しているはずですから、確かに f そのものを表わす f に固有な値といってよいでしょう。

多次元正比例 $y = Ax$ がつねに実数の固有値をもつとはいえないのですが、応用上重要な行列が実数の固有値をもつことが証明でき、この場合、多次元の正比例 $y = Ax$ を普通の正比例 $y = ax$ のいくつかの組み合わせとして表わすことができるのです。

このようにして、小学校の正比例関係から出発した線形構造という概念は、平面のベクトル空間としての構造、多次元量のベクトル空間としての構造をとりこみながら、一般の線形代数学へと進化していくのです。

第5章 平方完成からテーラー展開へ

§1 2次関数再び

小学校の正比例が中学校になって正比例関数

$y = ax$

に進化し、そこからさらに一般の1次関数

$y = ax+b$

あるいは多次元量の正比例関数である1次変換

$\boldsymbol{y} = A\boldsymbol{x}$

へと進化していく様子は第4章で調べた通りです。さらに、第1章で調べた微分積分学はいわば、すべての（微分できる）関数は局所的には正比例関数

$dy = f'(a)dx$

で表わされるということを基にした数学に他なりませんでした。

このように、正比例関数は変化を分析するために最も基本となる関数です。このことを心に留めながら、中学校で出てくる2乗に比例する関数

$y = ax^2$

さらに、それが進化した2次関数

$y = ax^2+bx+c$

について考察しましょう。

よく知られているように、自然に落下する物体は x 秒間にほぼ

$$y = 5x^2 \quad (\text{正確には} y = 4.9x^2)$$

だけ落下します（単位は m）。すなわち、1 秒後には約 5 m、2 秒後には 20 m、3 秒後には 45 m という具合です。この落下は速すぎて、目で見ることはなかなか困難ですが、たとえば、小さな球を斜面に転がすことによって、球の移動距離が実際に時間の 2 乗に正比例していることを確かめることができます（図5.1）。

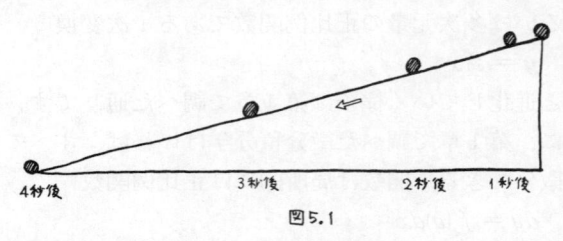

図5.1

落下の例の場合は時間 x の増加に伴って落下距離 y は増加していくだけです。そこで、初速度 a m/sec でボールを真上に投げ上げることを考えます。このときもし下向きの重力がなければ、ボールは $y = ax$ という正比例関数で表わされる運動をするでしょう。つまり距離＝速さ×時間です。ところが、ボールは下に向けて $y = -5x^2$ で表わされる運動をしています。したがって、全体として a m/sec で真上に投げ上げられたボールは $y = ax - 5x^2$ で表わされる運動をします。

いま $a = 25$ (m/sec) として、この2次関数を分析してみましょう。

$$y = 25x - 5x^2 = 5x(5-x)$$

したがって、地上からの距離 y が 0 になるのは、

$$5x(5-x) = 0$$

より、$x = 0$、または $x = 5$ の場合となります。

$x = 0$ のときは投げ上げて 0 秒後ですから、地上からの距離が 0 なのはあたりまえです。では $x = 5$、すなわち 5 秒後に地上からの距離が再び 0 になるのはなぜでしょうか。これはボールが地上に落下するまでの時間です。つまり投げ上げてから 5 秒後にボールは地上に戻ってきます。では、このボールは地上何 m の高さにまで上がるでしょうか。

ボールの運動は左右対称ですから、最高地点に達するのは投げ上げてから 2.5 秒後で、その高さは、

$$y = 25 \times 2.5 - 5 \times (2.5)^2 = 31.25$$

すなわち、31.25 m の高さまで上がります(図5.2)。

この運動を解析するために、私たちはボールを投げ上げたとき、行きと帰りでは同じ運動をして左右が対称になるだろうということを用いました。この仮定は、ボール投げのような運動については確かに有効で、ボールの最高到達点などを計算で求めることができます。しかし、この方法はさらに複雑な運動についてもやはり有効であるとは限りません。そのために、さらに一

図5.2

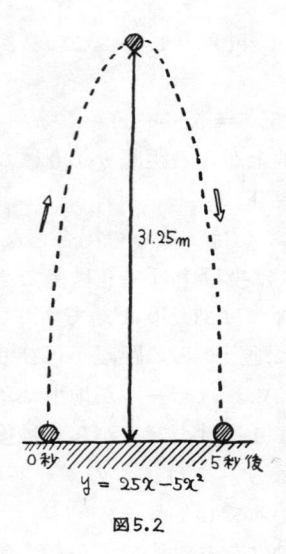

般的に関数を解析する方法を考えてみましょう。

§2 平方完成という名のテーラー展開

普通、2次関数の一般形は

$$y = ax^2 + bx + c$$

と書かれることが多いようです。この節では1次関数や2次関数を $y = a+bx$, $y = a+bx+cx^2$ などのように次数の低い項から順に書くことにします。このような記法をなぜ選ぶのかは、この章全体を通して説明されるでしょう。

さて、2次関数 $y = a+bx+cx^2$ を解析するために高等学校で用いられる手法が平方完成です。上の2次関数を具体的に平方完成してみましょう。

$$y = a+bx+cx^2 = a+c\left(\frac{b}{c}x+x^2\right)$$
$$= a+c\left(\left(\frac{b}{2c}\right)^2+\frac{c}{b}x+x^2-\left(\frac{b}{2c}\right)^2\right)$$
$$= a+c\left(x+\frac{b}{2c}\right)^2-\frac{b^2}{4c}$$
$$= \frac{-b^2+4ac}{4c}+c\left(x+\frac{b}{2c}\right)^2$$

ここで上の式を

$$y+\frac{b^2-4ac}{4c} = c\left(x+\frac{b}{2c}\right)^2$$

という形に書き直してみると、この2次関数の性格を次のようにして捉えることができます。

$$Y = y+\frac{b^2-4ac}{4c}, \quad X = x+\frac{b}{2c}$$

とおき、$Y = 0, X = 0$ を新しい X 軸、Y 軸とした世界を考えます。この軸を基にした世界では、もとの2次関数は

$$Y = cX^2$$

と表わされ、これは中学校で学んだ2乗比例に他なりません（図5.3）。

このように考えると、2次関数の平方完成とは、す

図5.3

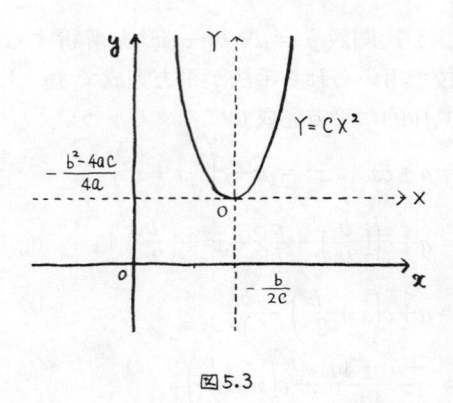

なわち視点をもとの x, y 軸を基準とした世界から X, Y 軸を基準とした世界に移すことによって、一般の2次関数を2乗比例として捉えようというアイデアに他なりません。これはちょうど、第3章でプレ・ベクトル空間としての方眼紙を考えて、縦・横に線の引かれた透明なシートを白紙の上に被せることによって、ユークリッド平面という白紙を構造化して捉えようとしたアイデアと同様です。すなわち、X, Y 軸が引かれた透明なシートをもとの xy-平面に被せ、それを適当に平行移動することによって、2次関数 $y = a + bx + cx^2$ の姿が一番よく分かる座標構造を探そうという試みです。

一般に点 (α, β) を新しい座標原点とし、$x = \alpha$ を

第5章 平方完成からテーラー展開へ　179

新しい Y 軸、$y=\beta$ を新しい X 軸と考えると、$X=x-\alpha$, $Y=y-\beta$ ですから、この軸に関して $y=a+bx+cx^2$ は次の形で表わせます。

定理　$y=f(x)=a+bx+cx^2$ において、
$$X=x-\alpha, \quad Y=y-\beta$$
とすると、
$$Y=\{(a+b\alpha+c\alpha^2)-\beta\}+(b+2c\alpha)X+cX^2$$
である。

［証明］　$x=X+\alpha$, $y=Y+\beta$ をもとの式に代入して整理すればよい。　　　　　　　　　　　　　［証明終］

この式は、$a+b\alpha+c\alpha^2=f(\alpha)$ ですから、
$$Y=\{f(\alpha)-\beta\}+(b+2c\alpha)X+cX^2$$
と表わせます。したがって、特に $\beta=f(\alpha)$ と選んでおくと、
$$Y=(b+2c\alpha)X+cX^2$$
と書けることが分かります。すなわち、$(\alpha, f(\alpha))$ を新しい原点にとり、新しい座標系を $x=\alpha$, $y=f(\alpha)$ にとると、$Y=(b+2c\alpha)X+cX^2$ のグラフは、新しい座標系の原点を通る放物線となります（図5.4）。

ここで、新しい XY-座標は透明なシート上に描いてあって、この平面上を自由に動かせたことを思い出しましょう。どこにこのシートを被せると、グラフの状態が最も分かりやすいでしょうか。これが平方完成のところで考えたことでした。すなわち、X の1次

図5.4

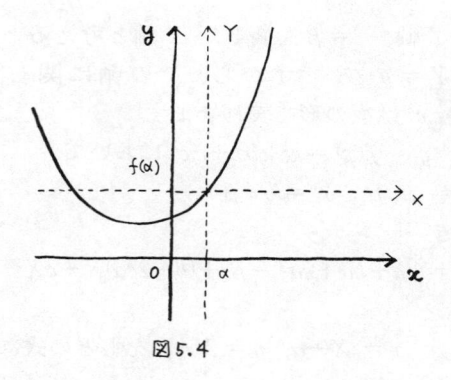

の係数が0となるようなαを選ぶと、

$$b+2c\alpha = 0 \quad \text{したがって} \quad \alpha = -\frac{b}{2c}$$

となり、このとき、グラフは$\left(-\dfrac{b}{2c},\ f\left(-\dfrac{b}{2c}\right)\right)$を頂点にもち、$Y = cX^2$の形となります。平方完成という機械的な計算技術の背後には、このように、透明なシート上に描かれた新しいXY-座標系をどの位置に置くのが最も便利かというアイデアがあるのです。

さて、ここで少しだけ微分の技術を援用してみましょう。

$$y = f(x) = a+bx+cx^2$$
$$y' = f'(x) = \quad b+2cx$$
$$y'' = f''(x) = \quad\quad\ \ 2c$$

ですから、

$$f(\alpha) = a + b\alpha + c\alpha^2$$
$$f'(\alpha) = \phantom{a+{}}b + 2c\alpha$$
$$f''(\alpha) = \phantom{a+b+{}}2c$$

となり、$(\alpha, f(\alpha))$ に新しい原点をとったときの式は、

$$Y = f'(\alpha)X + \frac{1}{2}f''(\alpha)X^2$$

と表わせます。念のため、x, y で表わすと、

$$y - f(\alpha) = f'(\alpha)(x-\alpha) + \frac{1}{2}f''(\alpha)(x-\alpha)^2$$

となります。

さて、

$$Y = f'(\alpha)X + \frac{1}{2}f''(\alpha)X^2$$

の形で考えると、結局、2次関数の平方完成という方法は、この式において、X の1次の係数が0となるように α を定めるということに他なりません。なぜ X の1次の係数が0となるように α を定めることが重要だったのかといえば、そのように原点をとり、新しい XY-座標を設定することによって、一般の2次関数 $y = a + bx + cx^2$ は2乗比例の一番単純な2次関数 $Y = cX^2$ となり、その性質を容易に捉えることができるからです。

このように、関数 $y = f(x)$ を点 $(\alpha, f(\alpha))$ を新し

い原点として X 軸、Y 軸を設定し、その新しい世界で関数 $y = f(x)$ がどのような姿を見せるかを考えることを、$y = f(x)$ を $(\alpha, f(\alpha))$ でテーラー展開すると呼びます。

関数の姿として私たちに最も親しみやすいのは、なんといっても多項式です。特に 1 次式や 2 次式は中学校以来、数学のさまざまな場所でその姿を見せてくれましたし、2 乗比例の法則はボールの落下などの自然現象としても身近なものです。そこで、テーラー展開では、関数 $y = f(x)$ の姿を多項式として捉えていくという方針をとります。

§3 テーラー展開という方法

2 次関数 $y = a + bx + cx^2$ を点 $(\alpha, f(\alpha))$ でテーラー展開すると、

$$y - f(\alpha) = f'(\alpha)(x - \alpha) + \frac{1}{2}f''(\alpha)(x - \alpha)^2$$

となりました。

ここで、$y - f(\alpha) = Y$, $x - \alpha = X$ とおいたものが、

$$Y = f'(\alpha)X + \frac{1}{2}f''(\alpha)X^2$$

で、$(\alpha, f(\alpha))$ を原点とする 2 次関数の姿でした。この事実をもとにして、一般の関数 $y = f(x)$ について考えましょう。

いま、$y = f(x)$ の姿を点 $(\alpha, f(\alpha))$ を原点とした新しい座標系のもとで多項式として表現します（図5.5）。そこで、この多項式を仮に、

$Y = F(X) = a+bX+cX^2+\cdots\cdots+dX^n$

とおきます。この係数 $a, b, c, \cdots, d$ を順に決定していきましょう。

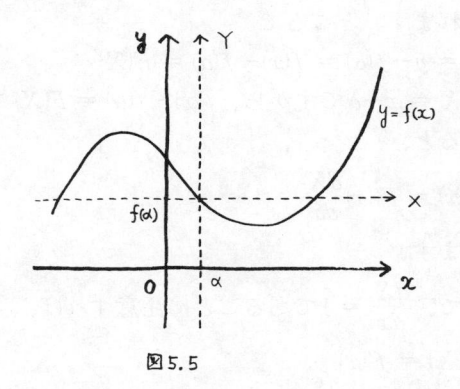

図5.5

(1) まず、私たちは原点を $(\alpha, f(\alpha))$ に設定しましたから、グラフはこの新しい原点を通過しています。すなわち、

$F(0) = 0$

ですから、$a = 0$ です。ここで、$X = 0$ のとき $Y = 0$ であるということは、$x-\alpha = 0$ のとき $y-f(\alpha) = 0$、すなわち $x = \alpha$ のとき $y = f(\alpha)$ であるということの言い替えであることに注意しておきましょう。

(2) 次に b を決定します。そのために、

$$Y = F(X) = a+bX+cX^2+\cdots\cdots+dX^n$$

の両辺を X で微分します。したがって、

$$Y' = F'(X) = b+2cX+\cdots\cdots+ndX^{n-1}$$

となります。X に 0 を代入すれば、

$$F'(0) = b$$

が得られます。ところで

$$Y = y-f(\alpha) = f(x)-f(\alpha) = F(X)$$

かつ、$X = x-\alpha$ ですから、$f(x)-f(\alpha) = F(X)$ を x で微分すると、

$$f'(x) = F'(X)\frac{dX}{dx}$$

となります。

ここで、$\frac{dX}{dx} = 1$ であることに注意すれば、

$$F'(X) = f'(x)$$

となります。また、$X = x-\alpha$ より X に 0 を代入することは、x に α を代入することですから、

$$F'(0) = f'(\alpha)$$

となり、したがって、$b = f'(\alpha)$ となります。

(3) c の決定。

同様にして、

$$Y' = F'(X) = b+2cX+\cdots\cdots+ndX^{n-1}$$

の両辺を微分すると、

$$Y'' = F''(X) = 2c + \cdots\cdots + n(n-1)dX^{n-2}$$

となり、同様に $X = 0$ を代入して

$$F''(0) = 2c$$

すなわち、

$$c = \frac{1}{2}F''(0)$$

となります。ここで再び、

$$F''(X) \cdot X' = f''(x)$$

より、

$$F''(0) = f''(\alpha)$$

となり、$c = \frac{1}{2}f''(\alpha)$ となります。

今までの結果をまとめてみると、

$$Y = f'(\alpha)X + \frac{1}{2}f''(\alpha)X^2 + \cdots\cdots$$

あるいは、

$$y - f(\alpha) = f'(\alpha)(x-\alpha) + \frac{1}{2}f''(\alpha)(x-\alpha)^2 + \cdots\cdots$$

となりますが、これが前節で扱った2次関数のテーラー展開と同様になっていることに注意してください。

では一般に X^r の係数を決定しましょう。

(4) X^r の係数の決定

$$Y = F(X) = a + bX + cX^2 + \cdots\cdots + a_rX^r + \cdots\cdots$$

の両辺を r 回微分します。したがって、X の $r-1$ 次以下の項はすべて消えて、

$$Y^{(r)} = F^{(r)}(X)$$
$$= r(r-1)\cdots\cdots 2\cdot 1\cdot a_r$$
$$\underbrace{+(r+1)r\cdot\cdots\cdots 2\cdot X +\cdots\cdots}_{X の 1 次以上の項ですべて X を含んでいる。}$$

よって X に 0 を代入すれば、X を含む項はすべて消えて、

$$F^{(r)}(0) = r!a_r$$

よって、

$$a_r = \frac{1}{r!}F^{(r)}(0)$$

ところが、$F^{(r)}(0) = f^{(r)}(\alpha)$ ですから、

$$a_r = \frac{1}{r!}f^{(r)}(\alpha)$$

となります。

結局、すべてをまとめると、次のようになります。

$y = f(x)$ を点 $(\alpha, f(\alpha))$ を新しい原点として多項式の形に表わすと、

$$y - f(\alpha) = f'(\alpha)(x-\alpha) + \frac{1}{2!}f''(\alpha)(x-\alpha)^2 + \cdots\cdots$$
$$+ \frac{1}{n!}f^{(n)}(\alpha)(x-\alpha)^n$$

となり、$y - f(\alpha) = Y$, $x - \alpha = X$ とおけば、

$$Y = f'(\alpha)X + \frac{1}{2!}f''(\alpha)X^2 + \cdots\cdots + \frac{1}{n!}f^{(n)}(\alpha)X^n$$

と表わせる。

ここに現われた右辺の n 次多項式を $y = f(x)$ の〝テーラー展開〟と呼びます。

ところで、この〝テーラー展開〟には少々気になる点があります。まず、どのような関数でも、$(\alpha, f(\alpha))$ の近くにおける関数の行動を分析することによって、テーラー展開できるものなのでしょうか。また、上の式では $f(x)$ を n 次の多項式の形に展開しましたが、この多項式の次数 n はどのように決定しているのでしょうか。この疑問にきちんと答えるためには、微分積分学のもう少し立ち入った議論が必要です。念のため、そのような形でのテーラーの定理を述べておきましょう（これは一種の精神安定剤ですが、多少の副作用も懸念されますので、注意して服用してください）。

定理（テーラー） $y = f(x)$ が閉区間 $[a, b]$ で何回でも微分可能とする。このとき、

$$f(b) - f(a) = f'(a)(b-a) + \frac{1}{2!}f''(a)(b-a)^2 + \cdots\cdots$$

$$+ \frac{1}{(n-1)!}f^{(n-1)}(a)(b-a)^{n-1}$$

$$+ \frac{1}{n!}f^{(n)}(c)(b-a)^n$$

となる $c\ (a < c < b)$ が存在する。

証明のために、次の定理を用います。

定理（ロル）　$y = f(x)$ が $[a, b]$ で微分可能とし、$f(a) = f(b) = 0$ とする。このとき、

$f(b) - f(a) = f'(c)(b-a)$

となる $c\,(a < c < b)$ が存在する。

ところで、$f(b) - f(a) = 0 - 0 = 0,\ b - a \neq 0$ ですから、上の定理は普通は、「$f'(c) = 0$ となる c が存在する」と述べられます。

ロルの定理の内容を第1章の微分の意味に戻って考えてみましょう。この場合、$f(a) = f(b) = 0$ なので、食塩水の濃度のモデルではうまくいきません（食塩は下に行くほど増えていくだけです）。そこで、直線上の移動距離を $f(x)$ とし、$f'(x)$ を速度としてモデルを考えます。

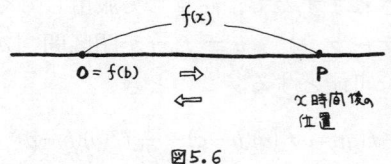

図5.6

ロルの定理は、時刻 a、時刻 b で直線上の移動距離が 0 なら、a, b の間のどこかで、速度が 0 になった時間がある、と述べています。いま、a を出発の時刻とし 0 とします（図5.6）。P さんがある地点（原点）を車で出発し、b 時間後に出発点に戻ってきました。このとき、P さんの自動車は $0 < c < b$ のどこかの時刻

c で速度が 0 ($f'(c)=0$) となっているはずです。なぜならば、Pさんの自動車は出発したわけですから（もしPさんがつねに出発点に停っていたのなら、c はいつでもよいわけです！）、速度 $f'(x)$ が 0 から正の値になり動き始めます。ところで、Pさんは b 時間後には元の位置 O に戻ったわけですから、途中で速度は逆向きになったはずです。そうでないともとには戻らず、ずーっと一方向へ行ってしまいます。ところが速度は急に正から負に変わるわけはありません。だんだん減速し、一旦停車！ そして逆向きに動き出すわけです。これが、$f(x)$ が微分できるということでした。したがって、停車する瞬間、つまり $f'(c)=0$ となる c が必ずあります。これがロルの定理の内容です。

もちろん、x 軸上の2点 $0, b$ を滑らかな曲線で結べば、そのどこかに山か谷があり、そこでは接線が x 軸に平行である、という幾何学的なイメージも考えら

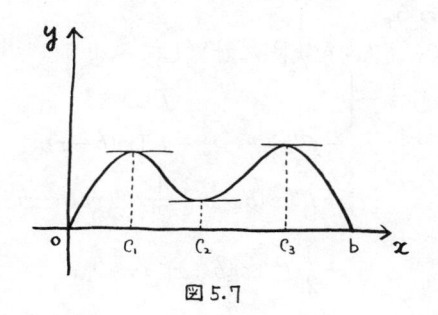

図 5.7

れます（図5.7）。

さて、このロルの定理を用いると、テーラーの定理はあっけなく証明されます。一応、形式的な証明をつけておきましょう。

[テーラーの定理の証明]

$$F(x) = f(b) - \Big\{(x) + f'(x)(b-x) + \frac{1}{2!}f''(x)(b-x)^2$$
$$+ \cdots\cdots + \frac{1}{(n-1)!}f^{(n-1)}(x)(b-x)^{n-1}$$
$$+ k(b-x)^n\Big\}$$

という関数を作ろう。$F(b) = 0$ となることは x に b を代入すれば分かる。ここで、定数 k を $F(a) = 0$ となるようにとる（これは x に a を代入し、$F(a) = 0$ という k についての1次方程式を解けばよい）。よって、$F(a) = F(b) = 0$、かつ $F(x)$ は微分可能である。したがってロルの定理より、$F'(c) = 0$ となる $c\,(a < c < b)$ がある。

ここで、$F'(x)$ を実際に計算してみよう。

$$F'(x) = -\Big\{ \qquad\qquad f'(x)$$
$$-f'(x) \qquad + f''(x)(b-x)$$
$$-f''(x)(b-x) + \frac{1}{2!}f'''(x)(b-x)^2$$
$$-\frac{1}{2!}f'''(x)(b-x)^2 + \cdots\cdots$$

$$\vdots$$
$$-\frac{1}{(n-2)!}f^{(n-1)}(x)(b-x)^{n-2}$$
$$+\frac{1}{(n-1)!}f^{(n)}(x)(b-x)^{n-1}$$
$$-nk(b-x)^{n-1}\bigg\}$$

よって $F'(c) = 0$ より

$$\frac{1}{(n-1)!}f^{(n)}(c)(b-c)^{n-1} - nk(b-c)^{n-1} = 0$$

すなわち、

$$k = \frac{1}{n!}f^{(n)}(c)$$

となる。ここで $F(a) = 0$ であったから、x に a を代入して求める式を得る。　　　　　　　　　［証明終］

 この証明を見ると、テーラーの定理は見かけは大変そうですが、内容的にはロルの定理の掌の上にいることが分かります。ところが形式をテーラーの定理のようにしてみると、そこからさまざまな事実が引き出せる、これが形式のもつ1つの生産性でもあります。

 まず、テーラーの定理で $b = x$, $a = \alpha$ とおけば、
$$f(x) - f(\alpha) = f'(\alpha)(x-\alpha) + \cdots\cdots$$
$$+ \frac{1}{(n-1)!}f^{(n-1)}(\alpha)(x-\alpha)^{n-1}$$
$$+ \frac{1}{n!}f^{n}(c)(x-\alpha)^{n}$$

となり、最後の項をのぞくと、前にテーラーの定理として述べた式（186ページ）になります。ここで、この式の最後の項

$$\frac{1}{n!}f^{(n)}(c)(x-\alpha)^n$$

は、Y と多項式

$$f(\alpha)+f'(\alpha)X+\frac{1}{2!}f''(\alpha)X^2+\cdots\cdots+\frac{1}{r!}f^{(r)}(\alpha)X^r$$

との違いを表わす項、すなわち Y と多項式との誤差を表わしていると考えられます。そこで、もしこの誤差の項が $n\to\infty$ としたときいくらでも小さくなるならば、Y は無限級数の形で表わせることになります。これを $f(x)$ のテーラー級数といいます。とくに $\alpha=0$ とすると、$f(x)$ がテーラー級数に展開できるなら、

$$f(x) = f(0)+f'(0)x+\frac{1}{2!}f''(0)x^2+\frac{1}{3!}f'''(0)x^3+\cdots\cdots$$

の形で表わせます（この形をマクローリン級数といいます）。

このようにして、2次関数の平方完成という計算技術として出発したアイデアは、ある点 $(\alpha, f(\alpha))$ の近くで与えられた関数を多項式の形で表わしたらどうなるか、という考えへと発展しました。これを用いると、関数の極値問題にもう1つの光を当てることができます。次節でそれを眺めてみましょう。

§4 曲線の形をみる──極値とグラフ

高校で微分積分学を学んだ後で、必ず出てくる問題の1つが関数の極値問題です。2次関数については平方完成などで、グラフの概形を捉えることができるので、ここでの対象はもっぱら3次、4次関数になります。典型的な例を1つあげましょう。

問題 $y=f(x)=x^3-3x^2-9x+1$ の極値を求めよ。

[解] $y'=3x^2-6x-9=3(x^2-2x-3)$
$\qquad =3(x-3)(x+1)$

よって、$y'=0$ より $x=3, -1$、これより下の増減表を得る。したがって、$x=-1$ で極大、極大値 6、また $x=3$ で極小、極小値 -26 となる。グラフの概形

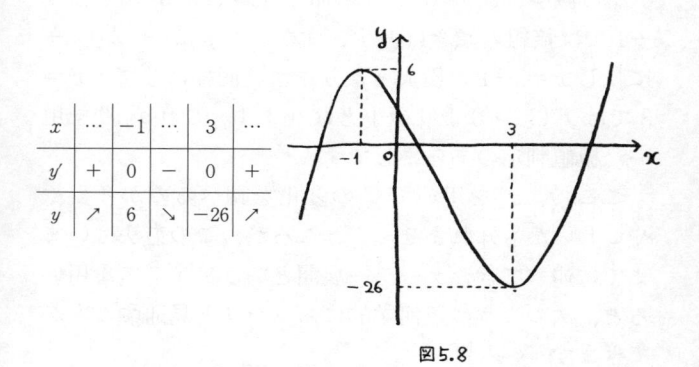

x	$\cdots$	-1	$\cdots$	3	$\cdots$
y'	$+$	0	$-$	0	$+$
y	↗	6	↘	-26	↗

図5.8

は図5.8の通りである。　　　　　　　　　　　　［終］

　これが教科書風のスタンダードな解法でしょう。普通はこのように関数の増減表を用いて極大・極小の判定をします。これは、$f'(\alpha)$の値が点$(\alpha, f(\alpha))$における接線の傾きを与えているという事実を用いて、$f'(\alpha) = 0$となるαの近くでの接線の傾きを考察することにより極値判定をしようというアイデアです。

　ところで、高校で微分積分学を学ぶと、もう1つの極値判定法がでてきます。それは$f''(\alpha)$を用いる方法です。この問題にあてはめると、

$$y'' = 6x - 6 = 6(x-1)$$

したがって、

$$f''(-1) = -12 < 0, \quad f''(3) = 12 > 0$$

ところで、y''はy'の変化の様子を与えていて、$y'' < 0$なら減少、$y'' > 0$なら増加です。したがって$x = -1$では接線の傾きは減少、すなわちy'が＋から－に転じ$x = -1$で極大となります。同様にして、$x = 3$では$f''(3) > 0$より極小となります。これがy''を用いた極値判定のあらましです。

　ここで、y''を用いてy'の変化を調べるのが多少ややこしいかも知れません。ところが、この方法はいままでに述べてきたテーラー展開というアイデアを用いると、次のように幾何学的にスッキリと見通すことができます。

第5章 平方完成からテーラー展開へ

関数 $y = f(x) = x^3 - 3x^2 - 9x + 1$ を $(\alpha, f(\alpha))$ でテーラー展開すると、

$$y - f(\alpha) = f'(\alpha)(x-\alpha) + \frac{1}{2}f''(\alpha)(x-\alpha)^2$$
$$+ \frac{1}{6}f'''(\alpha)(x-\alpha)^3$$

となります。いま $f(x)$ は 3 次式なので $f^{(4)}(x)$ は恒等的に 0 となることに注意してください。さて、いま α として $f'(\alpha) = 0$ となる α を選びましょう。たとえば、$\alpha = -1$ としてみます。

$f''(x) = 6x - 6$
$f'''(x) = 6$

ですから、$(-1, 6)$ におけるテーラー展開は、

$f''(-1) = -12, \quad f'''(-1) = 6$

より

$$y - 6 = \frac{1}{2} \cdot (-12) \cdot (x+1)^2 + \frac{1}{6} \cdot 6 \cdot (x+1)^3$$
$$= -6(x+1)^2 + (x+1)^3$$

となります。したがって、$y - 6 = Y, x + 1 = X$ とおき、新しい原点を $(-1, 6)$ にとれば、与えられた関数は、

$Y = -6X^2 + X^3$

で表わされます。

ところで、この新しい原点の近くでは、$X \fallingdotseq 0$ ですが、$X \fallingdotseq 0$ のとき、X^2 と X^3 を比較すると X^3 は

X^2に比べてずっと小さいので、原点の近くでは関数はほぼ、

$$Y = -6X^2$$

の形をしています。ところが、この式で与えられる2次関数のグラフは$-6 < 0$ですから上に凸の放物線であることはすでに調べてあります。したがって、$x = -1$で与えられた関数は極大値をとります（図5.9）。

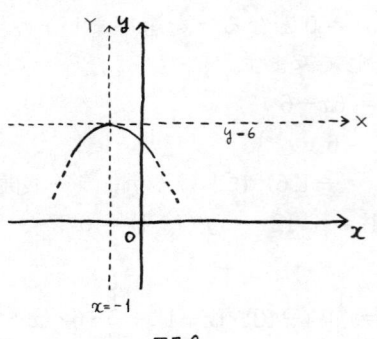

図5.9

このアイデアでは、$f''(\alpha)$はX^2の係数を与えますから、$f''(\alpha) > 0$なら下に凸で極小、$f''(\alpha) < 0$なら上に凸で極大となることがすぐに分かります。すなわち、$y = f(x)$について、$f'(x) = 0$の解をαとすれば、$(\alpha, f(\alpha))$におけるテーラー展開は

$$Y = \frac{1}{2}f''(\alpha)X^2 + \frac{1}{6}f'''(\alpha)X^3 + \cdots\cdots$$

となりますから、$X \fallingdotseq 0$ のところで、X^3 以下の項を無視すれば、

$$Y = \frac{1}{2}f''(\alpha)X^2$$

となり、この新しい原点の近くでは、与えられた関数はほぼ放物線

$$Y = \frac{1}{2}f''(\alpha)X^2$$

に近い形をしているわけです。したがって $f''(\alpha)$ の符合を調べることによって、この放物線が上に凸か下に凸かが分かります。実際、この方法によって、テーラー展開できる関数については、その極値を求めることができます。

例として、$y = \sin x$ について調べてみましょう。

$y = f(x) = \sin x$
$y' = f'(x) = \cos x$
$y'' = f''(x) = -\sin x$

ですから、$y' = 0$ より $\cos x = 0$、すなわち、$x = \frac{\pi}{2} \pm 2n\pi, \frac{3}{2}\pi \pm 2n\pi$ となります。$x = \frac{\pi}{2}$ のときどうなるかを考えますと、

$$f''\left(\frac{\pi}{2}\right) = -\sin\left(\frac{\pi}{2}\right) = -1 < 0$$

したがって、$\left(\dfrac{\pi}{2}, 1\right)$ で $y = \sin x$ をテーラー展開すると、

$$Y = -\frac{1}{2}X^2$$

となり、極大であることが分かります。同様に $\dfrac{\pi}{2} \pm 2n\pi$ のところはすべて極大です。一方、$x = \dfrac{3}{2}\pi$ のときは、

$$f''\left(\frac{3}{2}\pi\right) = -\sin\left(\frac{3}{2}\pi\right) = 1 > 0$$

したがって、$\left(\dfrac{3}{2}\pi, 1\right)$ でのテーラー展開は、

$$Y = \frac{1}{2}X^2$$

となり極小となります。$\dfrac{3}{2}\pi \pm 2n\pi$ のところも同様に極小となります。したがって、$y = \sin x$ のグラフは、おおよそ図5.10のような形をとることが分かりますが、$\sin x$ のグラフがきれいな波（正弦波）を描くことはよく知られています。

さて、私たちは2次関数の平方完成という技術から出発して、関数を解析する道具としてテーラー展開という方法を手に入れました。このとき、新しい座標軸

図5.10

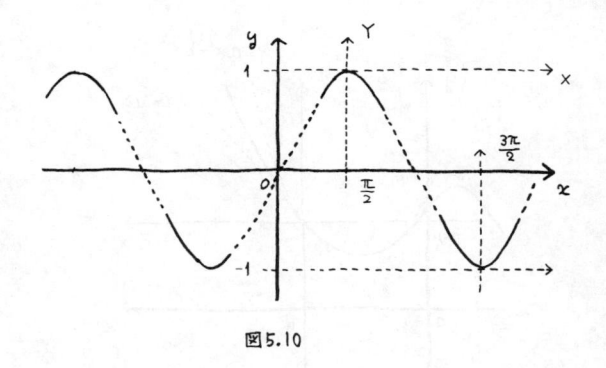

X, Y について、Y を X の昇冪の順に表現しました。このことの意味をもう一度振り返ってみましょう。

新しい座標原点が $(\alpha, f(\alpha))$ であることに注意すると、もし X の変化に対して Y が変化しないのなら、

$Y = 0$　　（すなわち $y - f(\alpha) = 0$）

ですが、実際は、X の変化に対して Y も変化しています。そこで、Y の変化を最も簡単な関数だと仮定してみることは自然な発想です。すなわち、Y が X に正比例すると仮定すれば、

$Y = aX$

となりますが、このとき、

$a = f'(\alpha)$

となるというのがテーラーの定理の第1項に他なりません（図5.11）。

図5.11

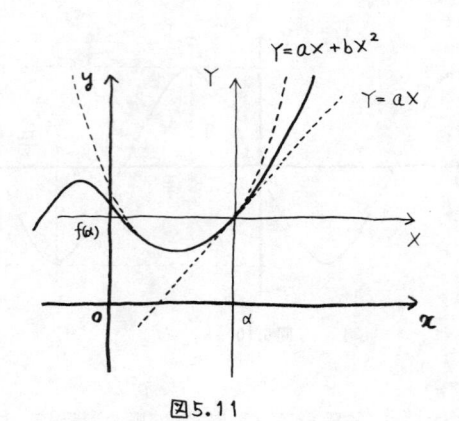

ところで、実際は Y は X に正比例せず、もっと複雑な変化をしています。そこで、次に簡単な関数として2次関数をとり、

$$Y = f'(\alpha)X + bX^2$$

としてみると、

$$b = \frac{1}{2}f''(\alpha)$$

となるというのがテーラーの定理の第2項です。以下同様に $y = f(x)$ のよりよい近似を求めて3次関数、4次関数と探していく、このとき、X^n の係数が

$$\frac{1}{n!}f^{(n)}(\alpha)$$

となる、これがテーラーの定理の意味するところです。

これで、この章の初めの部分で、多項式を次数の低い項から順に普通とは逆の方法（昇冪の順）で書いた理由が分かると思います。自然現象の中に現われるさまざまな関数は何回でも微分できる滑らかなものが大部分で、そのような変化を解析しようと試みるとき、より簡単なものから手をつけていこうとするのはごく自然なことであり、そうすれば、

　　　無変化（定数）→ 正比例 → 2乗比例 →……

と進んでいくのは当然です。したがって、テーラー展開の思想と方法は、この流れでみれば関数というものの見方の1つのピークであると考えられます。しかもそのような方法のある意味での副産物として、関数がある点 $(\alpha, f(\alpha))$ で極値をとるとは、その点でのテーラー展開が2次の項から始まるということであるという事実が導かれました。2次の項から始まるテーラー展開はその点で2乗比例で近似され、したがって上または下に凸の放物線となり、極大あるいは極小となります（一般にテーラー展開が偶数次の項から始まればその点で極値となります）。

中学校や高等学校で学んできた2次関数の平方完成という技術は結局のところ、微分という方法を抜きにして、代数的な方法のみで2次項から始まるテーラー展開をみつける方法だったのです。

ところで、テーラー展開はたんに関数の行動を分析

するだけでなく、そこから奇妙な関係式を生み出しました。

次節でその関係について調べましょう。

§5　$e^{2\pi i} = 1$

すでに第2章でも調べたように、円周率πは無理数で、しかも$\sqrt{2}$や$\sqrt{3}$などの無理数と違って、どのような整数係数の代数方程式の解ともなり得ない超越数という無理数でした。超越数について人間の持っている知識はごくわずかにすぎません。

たとえば、もう1つよく知られた超越数として
$$e = 2.718281828459\cdots\cdots$$
という数があり、これは、
$$e = \lim_{n \to \infty}\left(1+\frac{1}{n}\right)^n$$
として定義されます。eは高等学校の微分積分学の中に出てきて指数関数や自然対数の底として使われ、
$$(e^x)' = e^x$$
をみたす数として有名です。ところで、
$$\pi + e = 5.85987\cdots\cdots$$
という数は当然超越数であろうと思われますが、まだ無理数であることさえ証明されていません。さらにπやeの他に人工的に作られた数でない超越数もあまり知られていません。超越数の候補として有名なのはオ

イラーの定数 γ で、$\log n$ を自然対数として

$$\gamma = \lim_{n \to \infty} \left(\sum_{k=1}^{n} \frac{1}{k} - \log n \right)$$

で定義されますが、この γ もまだ無理数であるかどうかも知られていません。

このように、超越数に関する人類の知識ははなはだ断片的なものですが、その超越数に関して、テーラー展開から分かる面白い関係式があります。

いま、$y = e^x$, $y = \cos x$, $y = \sin x$ という関数を考えましょう。これらの関数を192ページでご紹介した、テーラー展開の1つのバリエーションである、マクローリン展開してみます。

(1) $y = f(x) = e^x$ について。

$y' = f'(x) = e^x$ でしたから、$f'(0) = e^0 = 1$、さらに何回微分しても $y^{(n)} = f^{(n)}(x) = e^x$ ですから $f^{(n)}(0) = e^0 = 1$ です。したがって、

$$e^x = f(0) + f'(0)x + \frac{1}{2}f''(0)x^2 + \cdots\cdots$$

$$+ \frac{1}{n!}f^{(n)}(0)x^n + \cdots\cdots$$

$$= 1 + x + \frac{1}{2!}x^2 + \cdots\cdots + \frac{1}{n!}x^n + \cdots\cdots$$

となります。これが指数関数 e^x のマクローリン展開です。

(2) $y = f(x) = \cos x$ について。

$y = \cos x$, $y' = -\sin x$, $y'' = -\cos x$, $y''' = \sin x$, $y^{(4)} = \cos x$, $y^{(5)} = -\sin x$, $y^{(6)} = -\cos x$, $y^{(7)} = \sin x$ ……

となりますから、$\cos x$ の n 階導関数は4周期で繰り返されます。したがって $x = 0$ を代入したときの値も

$f(0) = 1$, $f'(0) = 0$, $f''(0) = -1$, $f'''(0) = 0$, $f^{(4)}(0) = 1$, $f^{(5)}(0) = 0$, $f^{(6)}(0) = -1$, $f^{(7)}(0) = 0$ ……

と4周期で繰り返され、求める $\cos x$ のマクローリン展開は、

$$\cos x = 1 - \frac{1}{2!}x^2 + \frac{1}{4!}x^4 - \frac{1}{6!}x^6 + \cdots\cdots$$

となります。

(3) $y = f(x) = \sin x$ について。

$y = \sin x$ についても $\cos x$ と同様に、n 階導関数は $\sin x$, $\cos x$, $-\sin x$, $-\cos x$ を4周期で繰り返しますから、$x = 0$ における値も、0, 1, 0, -1 を4周期で繰り返し、求める $\sin x$ のマクローリン展開は、

$$\sin x = x - \frac{1}{3!}x^3 + \frac{1}{5!}x^5 - \frac{1}{7!}x^7 + \cdots\cdots$$

となります。

これらのマクローリン展開はいずれもたいへん重要なものですが、これらの式を用いると次のような奇妙

な関係が導けます。

i を $i^2 = -1$ となる虚数単位とし、e^{ix} を考えましょう。e^x のマクローリン展開より、

$$e^{ix} = 1 + (ix) + \frac{1}{2!}(ix)^2 + \frac{1}{3!}(ix)^3 + \frac{1}{4!}(ix)^4 + \cdots\cdots$$

$$= 1 + ix + \frac{1}{2!}i^2x^2 + \frac{1}{3!}i^3x^3 + \frac{1}{4!}i^4x^4 + \cdots\cdots$$

となりますが、

$$i^0 = 1, \quad i^1 = i, \quad i^2 = -1, \quad i^3 = -i, \quad i^4 = 1,$$
$$\cdots\cdots$$

となり i の冪乗は4周期で $1, i, -1, -i$ を繰り返します。したがって、

$$e^{ix} = 1 + ix - \frac{1}{2!}x^2 - \frac{1}{3!}ix^3 + \frac{1}{4!}x^4 + \frac{1}{5!}ix^5 - \cdots\cdots$$

となりますが、複素数は $a+bi$ と書くと分かりやすいので、上の式も実部と虚部に分けます。したがって、

$$e^{ix} = \left(1 - \frac{1}{2!}x^2 + \frac{1}{4!}x^4 - \frac{1}{6!}x^6 + \cdots\cdots\right)$$
$$+ \left(x - \frac{1}{3!}x^3 + \frac{1}{5!}x^5 - \frac{1}{7!}x^7 + \cdots\cdots\right)i$$

という式が得られます。ところがこの式の（　）内をよく見るとそれぞれ実部は $\cos x$ の、虚部は $\sin x$ のマクローリン展開になっています。すなわち、

$$e^{ix} = \cos x + i \sin x$$

という式が成立します。この式をオイラーの公式とい

います。

　この式は多産な公式です。つまり、複素数の世界にまで数を広げておけば、指数関数と三角関数は同じ仲間であることが分かりました。この式から、三角関数のさまざまな公式が指数法則に還元されてしまいます。例として加法定理を取り上げましょう。

　オイラーの公式より

$$e^{i\alpha} = \cos\alpha + i\sin\alpha$$
$$e^{i\beta} = \cos\beta + i\sin\beta$$
$$e^{i(\alpha+\beta)} = \cos(\alpha+\beta) + i\sin(\alpha+\beta)$$

です。ここで

$$\begin{aligned}e^{i(\alpha+\beta)} &= e^{i\alpha+i\beta} \\ &= e^{i\alpha}e^{i\beta} \quad \text{(指数法則)} \\ &= (\cos\alpha + i\sin\alpha)(\cos\beta + i\sin\beta) \\ &= (\cos\alpha\cos\beta - \sin\alpha\sin\beta) + i(\cos\alpha\sin\beta \\ &\quad + \sin\alpha\cos\beta)\end{aligned}$$

すなわち、

$$e^{i(\alpha+\beta)} = \cos(\alpha+\beta) + i\sin(\alpha+\beta)$$

でしたから、両辺の実部、虚部を比較して、

$$\cos(\alpha+\beta) = \cos\alpha\cos\beta - \sin\alpha\sin\beta$$
$$\sin(\alpha+\beta) = \cos\alpha\sin\beta + \sin\alpha\cos\beta$$

が得られ、これはまさしく加法定理です。すなわち、加法定理とは姿を変えた指数法則

$$e^{i\alpha+i\beta} = e^{i\alpha}e^{i\beta}$$

に他なりません。さらには、
$$e^{ix} = \cos x + i\sin x$$
$$e^{-ix} = \cos(-x) + i\sin(-x)$$
$$= \cos x - i\sin x$$
より、
$$\cos x = \frac{e^{ix}+e^{-ix}}{2}, \quad \sin x = \frac{e^{ix}-e^{-ix}}{2i}$$
も得られ、まさしく三角関数が指数関数で表わされます。

さて、いま、オイラーの公式 $e^{ix} = \cos x + i\sin x$ において、x に π を代入してみましょう。
$$e^{i\pi} = \cos \pi + i\sin \pi = -1$$
すなわち、$e^{i\pi} = -1$ が得られます。この式はその内容を考えてみると本当に奇妙な式です。e、π は前にも述べた超越数という無理数、i は 2 乗すると -1 となる定数、これらを左辺のように組み合わせると整数 -1 になる！ さらに、両辺を 2 乗して、$e^{2i\pi} = 1$ という式も成立します。あるいは x に $\frac{\pi}{2}$ を代入して、$i = e^{\frac{i\pi}{2}}$、さらには $i^i = e^{-\frac{\pi}{2}}$ など、これらはいずれも正しく成立している式なのですが（多少の注釈が必要なのですが、ここでは省略します）、どれをとっても、超越数と虚数の組み合わせでなんとも不思議な感じがします。もっとも、これらの式に神秘的なイメージを

与える理由は何もありません。けれど、テーラー展開という関数の行動の分析をするための手法が、複素数という世界といっしょになって、数についてのイメージを大きく広げてくれたことは確かでしょう。

第6章　3角形の内角和と現代幾何学

§1　概念と構造(2)

　平面図形のいろいろな性質は小学校から始まって中学校、高等学校を通じてさまざまな場面で顔を覗かせます。とても美しい平面図形の性質がたくさんあり、また平面幾何学のいくつかの証明問題はパズルを解くような楽しみもあって、結構ファンも多いようです。その一方で、まったく形式的に行なわれる「論証」についていけない子供たちも多く、数学嫌いをたくさん生み出しているという別の側面も持っているのが幾何学という分野の特徴のようです。

　幾何学という分野がなぜこのような性格をもつようになったのかについては、次のような視点を導入すると分かりやすいように思われます。それは、内包量と微積分を扱った第1章で考えたような見取図です。すなわち、内包量という概念は、それを記号化し、形式的に処理するためのシステムとして、小学校段階における有理数体とその四則演算、最終的には実数体とその四則演算（これを統辞システムと呼ぶことにします）を持っていたのに対して、いわゆる幾何学では概念はむき出しの概念のままで処理され、それらを記号

化し、形式的に処理するための統辞システムが、少なくとも現在の小・中学校では完成しない、という事実です。概念をそのままの形で処理しようとすれば、それらを扱うためのシステムは日常言語と日常論理を用いざるを得なくなります。しかし、数学に固有の用語や形式論理はそれらと微妙な食い違いをみせ、そのギャップに落ちこんでしまった人は、幾何学を、ひいては数学そのものを嫌いになってしまう、どうもこんな構図が見え隠れしていると思われます。

統辞システムが内容をしっかりと支えてくれている分野では、記号運用の技術的側面が逆に内容の理解を助けてくれるという利点があります。これは、いわゆる「分かる」と「できる」の問題ですが、この2つの概念の間の微妙な関係の構図がこのことからも分かります。分かってできることが理想ですが、分かるようになって初めてできることもあれば、できるようになりちゃんと分かることもあるようです。数学においては、このように記号とその運用の問題を避けて通ることはできません。

では幾何学を記号的に処理するための統辞システムとは何かについてもう少し考えてみましょう。

幾何学で重要なことは、図形の扱いと同時にそれらを入れている入れ物としての空間概念の把握です。これは多分、幾何学が現代的な数学に発展していくため

の1つの大きな契機でした。そして、ユークリッド平面やユークリッド空間は第3章で調べたような線形構造を持つ空間です。つまり、n次元の格子構造であるn次元ベクトル空間が、幾何学の記号処理システムとしては最もふさわしいと思われます。このような視点から、第3章でプレ・ベクトル空間としての方眼紙を取り上げたのです。もちろん、第3章でも述べたように、プレ・ベクトル空間としての方眼紙が、ユークリッド空間のもつ線形構造のみを取り出して視覚化している以上、そこで取り扱うことのできる図形や空間の性質が限られていることは確かです。

けれども、小・中・高校で扱う図形の性質のうち、いくつもの重要な性質、たとえば中点連結定理、平行線と比例、重心の存在、さらにはメネラウスの定理なども、平行四辺形格子で構造化された平面上の直線の性質を扱っていると考えたほうが見通しがよくなることを考えると、図形の性質を記号化して扱うためのベクトル空間の重要性はもっと認識されるべきです（図6.1）。

ここで少し解析幾何学の方法についてふれておきたいと思います。中学校、高校で学ぶように、解析幾何学は平面や空間内の点Pの位置をいくつかの実数の組で表わして、図形をそれらの実数の間の関係、すなわち方程式で表わそうというアイデアで、デカルト

図6.1

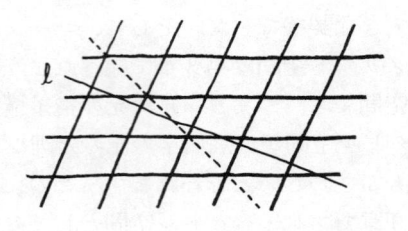

(1596 - 1650) に始まるといわれています (図6.2)。この方法は大変にすぐれたもので、図形の交点を求めたり、軌跡を求めたりする問題は解析幾何学の方法により代数方程式の解析に帰着します。代数方程式を解くための記号的、形式的方法はよく整備されていますから、それらを操作することによって、図形の性質を調べることが可能です。

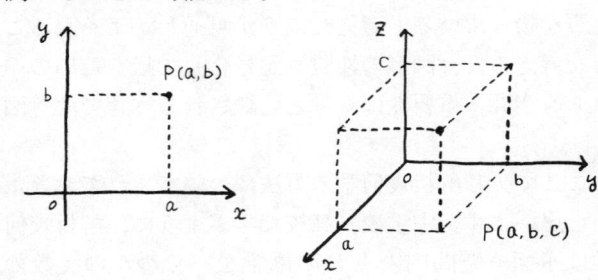

図6.2

ところで、前に述べたように、もともと実数の四則

は量の問題を記号処理しようとする試みによって発達したと考えられます。そして、実数全体が量空間の記号処理システムとして完成しました。これは本来は数直線という幾何学的イメージとは異なるものです。幾何学的イメージとしての数直線は、前に述べたとおり「見通せる＝視線ベクトルの延長」という感覚のほうが強く、これはあるベクトルのスカラー倍の全体となっています。解析幾何学が、その代数的方法の便利さにもかかわらず、幾何学本来の直観的方法やイメージをあまり喚起しない（ひらたくいえば、幾何好きの人たちにもうひとつ人気がない！　ということですが）のは、ここに最大の原因があるように思います。

　直線のイメージとして、１次方程式とベクトルのスカラー倍のどちらのほうに軍配が上がるか、これはもちろん好みの問題ですけれども、ぼくはベクトルのスカラー倍というイメージをとりたいと考えます。もともと量を扱うための手段だった実数の四則演算や代数方程式の問題を、平面や空間の構造を扱うために使おうとすれば、ある意味で、平面や空間のイメージを犠牲にしなければならないのかも知れません。もちろん、ベクトル空間というシステムにしても、最後には実数の性質を基礎としていることに違いはありません。しかし、ベクトルという概念そのものがそのまま平面や空間の構造を担うものなのに対して、実数体や方程式

は量の統辞システムとしての側面を強くもっています。そして、平面概念、空間概念は量化ではなく、構造化して初めてそのイメージの内容がよく理解されるものです。これからの幾何教育にとって、この構造化とそれに伴う統辞システムの問題が最も重要であろうと思います。

ここで平面幾何学のいわゆる論証に関して少しだけ考察しておきたいと思います。幾何教育の本来的な姿は、これまでに見てきた通り、きちんとした概念の構成とそれを支える構造および統辞システムの整備によって明らかになるはずです。しかし、一般に論証と呼ばれている問題も、避けて通るわけにいかない幾何教育の1つの側面です。普通いわれている論理にはおよそ次の3つのタイプがあります。

(1) デダクション　　　　演繹法
(2) インダクション　　　帰納法
(3) アブダクション　　　仮説法

それぞれについて簡単に説明します（U・エーコ編『三人の記号』東京図書による）。

(1)の演繹法は普通に呼ばれている論証で、次のような形をとります。

　　この袋の中の球はすべて黒い　　　　　A
　　この球はこの袋の中から取り出された　B
　　したがって、この球は黒い　　　　　　C

この論理は必然的な推論で、結論はまったく正しいわけですが、この3つをA, B, Cとわけてみると、Aは前提としての知識、Cは結果としての知識、そしてBはAとCを結ぶ橋としての行為です。AとBを知りCを導くのが演繹法であることに注意しましょう。

(2)の帰納法は自然科学の研究等に用いられる推論で、前と同様の例をあげると次のようになります。

　　この球は黒い　　　　　　　　　　　　C
　　この球は袋の中から取り出された　　　B
　　したがって、この袋の中の球はすべて黒い
　　（に違いない）　　　　　　　　　　　A

こんどは蓋然的な推論であり、結論Aが正しいとは限りませんが、C, Bを何回も繰り返すことにより、すなわち実験によってC, Bが繰り返されれば、Aである可能性は高くなります。これは数学の証明法としては禁じ手ですけれども確かに科学的発見の1つの方法です。ここでもBがCとAをつなぐ橋になっていることに注意してください。

では(3)のアブダクションとはどんな論理でしょうか。仮説法というのは聞き馴れない言葉かも知れません。発想法とも訳されているようですが、きちんとした訳語は決まっていないようです。もっとも、abductionを辞書でひくと誘拐という訳語がでてきたりしてびっくりします。これも例で示してみましょう。

この袋の中の球はすべて黒い　　　Ａ
　　　この球は黒い　　　　　　　　　　Ｃ
　　　したがって、この球はこの袋から取り出された
　　　（に違いない）　　　　　　　　　Ｂ

　これが仮説法です。その最も大きな特徴は仮定と結果とからその２つをつなぐ橋を推測していることです。これはいわばミステリにおける探偵の思考法です。演繹法が一般から特殊へという結果の検証、帰納法が特殊から一般へという前提の推測ならば、仮説法は一般と特殊をつなぐ推論方法そのものの推測ということになります。

　こうしてみると、私たちが普通に行なっている論理的な思考といわれるものの大部分はアブダクション、仮説法に他ならないことが分かります。実際、いわゆる幾何の論証も仮定と結論をつなぐミッシング・リンクを発見させようとする思考と考えるなら、ここで主として使用される論理は仮説法であると考えられます。ここでの仮説法はミッシング・リンクがすべてみつかり、全体が１つの鎖として完成したとたんに演繹法となるものですが、その鎖を完成するまでは仮説法として働きます。

　いままでも論証という数学の分野については、ずいぶんとさまざまな議論がなされてきました。演繹法、帰納法、仮説法の３つの形式についてもたいがいの本

にはふれてあります。ところが、そこでふれられている仮説法の中身についての議論があまりなかったようです。いままで、論証というものの中身については、形式論理としての演繹法の訓練という側面についての研究と、帰納、類推のための経験の蓄積ということに重点がおかれていました。実際の教育においては教えることのできる部分として、その2つが最も分かりやすいからに他なりません。仮説法というアイデアは、形式的に教えることが非常にむずかしいと思われます。ただの経験の積み重ねだけでは仮説法の発想とはなりません。量的な経験の積み重ねが、質的な経験に変化することこそが重要なポイントであって、それは必ずしも経験の量の大、小には関係しないというのが幾何学のおもしろさであると同時にむずかしさです。ここを無視してやみくもに経験の量の増加のみをトレーニングしても、幾何嫌いを増す結果となるだけでしょう。

　そんなわけで、形式的に言及できる部分としての演繹法のトレーニングという面が取り出されることが多かったのは論証にとって不幸なことでした。そのことを問題を解くトレーニングの量に還元しようとすることもなかったとはいい切れません。いままでにみたように、初等幾何学の楽しさの1つの重要な側面は、そこにおける論理が仮説法であるという事実にあります。仮説法はミステリにおける探偵の論理であると前に述

べました。一定の日時に一定の場所で殺人が行なわれたという結果とさまざまな前提から、したがって殺人はディラード教授によって行なわれたに違いないというミッシング・リンクを引き出す。その傍証固めに成功すれば、めでたく犯人が分かったことになる、これと同様の思考方法が幾何学の論証の中には潜んでいるのです。ミステリファンと初等幾何学ファンが重なる部分が多いのもうなづけるところです。これからの幾何教育はこんな点にも気を配る必要があると思います。

§2 植木算とその拡張

　いままでの章で見てきたように、微分積分学やベクトル空間といった〝むずかしい〟数学も、その考え方の最も基本となるものは、濃度や方眼紙といった形ですでに小学校、中学校の算数・数学の中にその姿を現わしていました。そこから微分積分学やベクトル空間への道のりは、確かにそれほど平坦ではないかも知れませんが、途中の風景を楽しみながらのんびり歩くと、意外に楽しいハイキングコースになるかも知れません。

　では、数や量ではなく、図形の話の中にもそのように現代数学の芽ともいうべきおもしろい話題が隠されているのではないでしょうか。この節ではそのような、小学校、中学校の図形という素材の中にある現代数学の話題について話してみたいと思います。

小学校の教材の中に〝あいだの数〟というものがあります。あいだの数と聞いただけでピンとくる人も多いと思いますが、問題集などでは植木算と呼ばれている素材です。次の問題を考えましょう。

問題 50 m の道がある。ここに 5 m 間隔で木を植える。道の端には必ず木を植えることにすると、何本の木が必要か。

[答] 50÷5 = 10, 10+1 = 11. 11本必要。

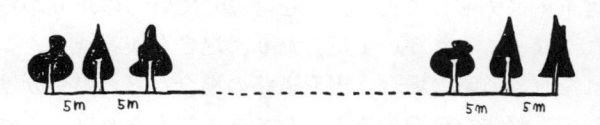

図 6.3

もちろん、問題のポイントは単に 50÷5 を計算したのではだめで、最後に 1 をたすところにあります。なぜ最後に 1 をたすのか。ここの説明でなんとなく落着かない経験をした人も多いかもしれません。特に、この問題が次のように変形されるとなおさらしっくり来ないという人もいるようです。

問題 周囲が 50 m の円形の池がある。ここに 5 m 間隔で木を植える。何本の木が必要か。

[答] 50÷5 = 10. 10本必要。

今度はなぜか最後に 1 をたしません。こんな問題が発展して、この池に橋がかかっていたりすると余計に

図6.4

ゴチャゴチャしてきて、何を計算しているのか分からなくなってしまう。1足したり、足さなかったり、これを直線道路の場合、円形道路の場合などと場合分けして、解法を暗記するようなことにでもなれば、よけいに大変です。

けれども、これらの問題の中には、実はのちにトポロジーという数学に発展する図形のおもしろい性質が

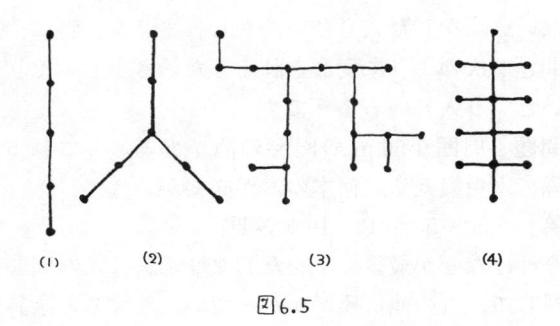

(1) (2) (3) (4)

図6.5

隠されているのです。それを発見するために、図6.5のような道路について、必要な植木の本数を計算してみましょう。木と木の間隔はどれも 5 m とします。

(1) は道路の全長20 m、木 5 本、$(20 \div 5) + 1$

(2) は道路の全長30 m、木 7 本、$(30 \div 5) + 1$

(3) は道路の全長85 m、木18 本、$(85 \div 5) + 1$

(4) は道路の全長65 m、木14 本、$(65 \div 5) + 1$

(1)と(3)とでは道路の複雑さがだいぶ違いますが、どちらも木の本数は、道路の全長 ÷ 間隔 +1 で求められます。つまりこれら(1)から(4)までの道路網には共通した性格があるようです。

このような、道路網を1つの図形とみなすという考えは、図形というものの捉え方を拡大する必要があったので、幾何学の一分野として意識されたのはユークリッド幾何に比べるとずっと後のことでした。ここには図形のつながり方を問題にするというまったく新しい幾何学の視点が潜んでいます。この図形のつながり方という視点で(1)から(4)までの図形を眺めたとき、その共通の性質が浮かび上がってくるでしょうか。

つながり方を捉える1つの方法は、つながり方とは逆の視点から図形を眺めてみることです。3つの図形(1)、(2)、(3)を考えます（図6.6）。それぞれの特徴をつながり方という視点でみると、(1)は最初からつながっていないが、(2)、(3)はつながっているということはす

(1)　　(2)　　　　(3)

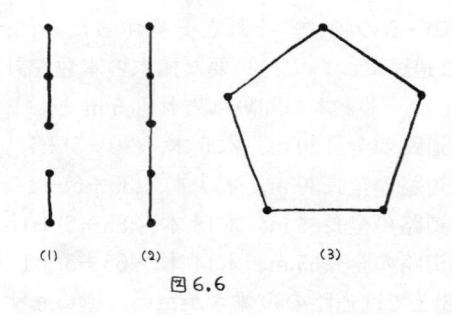

図6.6

ぐ分かります。では、(2)、(3)の違いはどうでしょうか。どちらも5個の点をつないでできている図形ですが、(2)のほうはどこか1ヵ所を切断すると2つにバラバラになってしまうのに対して、(3)は2ヵ所を切断しなければバラバラになりません。これが、この2つの図形のつながり方を区別する性質です。そこで次の定義をします。

定義 点と線でできている図形 G に対して、G をうまく s 回切ってもバラバラにならないが、$s+1$ 回切ると、どう切っても2つにバラバラになってしまうとき、s を G の切断数という。

したがって(2)の切断数は0、(3)の切断数は1です。

さて、前に述べた植木算のところで、

　　木の本数 = (全長 ÷ 間隔) + 1

となった図形をもう一度眺めてください。どの図形も、

その切断数が0であることが分かるでしょう。すなわち、あそこであげた道路網に共通の性質とは、「切断数が0」ということだったのです。一方、切断数1の図6.7の図形では、木の間隔を5mとすると、全長は25mで木の本数は5本、すなわち

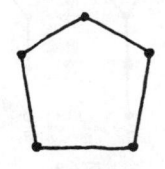

図6.7

　木の本数 ＝ 全長 ÷ 間隔

となっています。ここで、全長÷間隔とは木と木の間の数、つまり図形の線分の数です。そこで、図形 G に対して、木の数、つまり頂点の数を p、間の数、つまり線分の数を q、切断数を s とすると、上の場合

　$p = q+(1-s)$　すなわち、　$p-q = 1-s$

が成立していることが分かります。ところで、この式は一般に成立することが知られています。

定理　点と線でできている図形 G の頂点数を p、線分数を q、切断数を s とすると、

　$p-q = 1-s$

［証明］　(1)　まず $s=0$ の場合について考える。切断数が0だから、この図形 G はループを含んでいない(もしループを含むと、そこを切ってもバラバラに

ならない)。したがって必ず端の点をもつ。その端の点とそれに続く線を G からはずして G_1 を作る(図 6.8)。

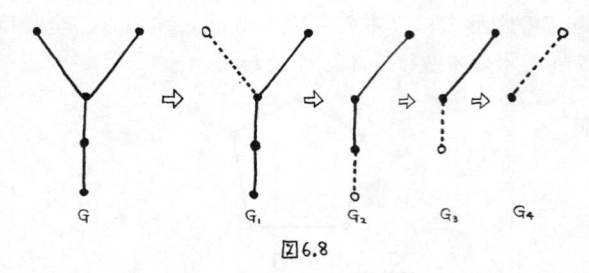

図 6.8

G_1 の切断数も当然 0 なので、この操作を繰り返す。しまいに、G_n としてただ 1 点よりなる図形が得られる。G_n については $p=1$, $q=0$ であるが、1 回の操作で頂点、辺ともに 1 ずつへったから、もとの G については、

$p = 1+n, \ q = n$

で、いま $s = 0$ だったから、

$p-q = (1+n)-n = 1 = 1-s$

が成り立つ。

(2) 切断数 $s > 0$ の場合を証明する。G の頂点数を p、辺数を q、切断数を s とする。したがって、G に s 回の切断を施すと、切断数 0 の図形 G' が得られる。この切断は G から s 本の辺を取り去る操作と考えてよい。したがって、G' の頂点数は p、辺数は $q-s$ で

ある。(1)によって G' について定理が成立しているから、

$p-(q-s) = 1$

よって、

$p-q = 1-s$ ［証明終］

　この定理をオイラー・ポアンカレの定理と呼びます。これが植木算の一般化に他なりません。植木の数とあいだの数と切断数の間にはこのようなきれいな関係が成り立つのです。

　ここで公式の左辺が $p-q$ という具合に ＋ と － が交互に並んでいることに注意してください。このように ＋、－ を交互に並べた和を一般に交代和といいますが、いまの場合切断数が 0 のときの公式

$p = q+1$

から出発したので、移項するとごく自然に交代和の形が表われてくるのです。この式の $p-q$ のことを図形 G のオイラー標数といい、$\chi(G)$ という記号で表わします。

　結局、植木算とは、オイラー標数 $\chi(G)$ とあいだの数 q とから木の数 p を求める計算に他なりません。また、図形 G のオイラー標数 $\chi(G)$ がその図形の切断数に関係し、つながり具合を表わしていることも、その定義から明らかです。したがって、$\chi(G)$ の絶対値が大きくなればなるほど、図形 G のつながり方は複雑

になっていくことになります。試しに、つぎの図形 G のオイラー標数を求め、G の切断数を計算してください（図6.9）。

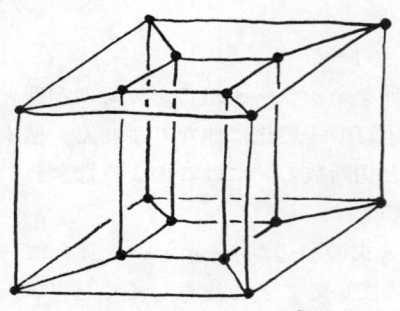

P=16, q=32, χ(G)=-16, 切断数17

図6.9

§3 植木算としてのオイラー・ポアンカレの定理

このような、図形のつながり具合を主題とする幾何学はトポロジーと呼ばれ、現代的な幾何学の1つの大きな分野となっています。一般には一筆書きの問題に対するオイラーの解答がその出発点であるといわれていますが、ライプニッツなどにも図形のつながり方に対する関心があったようです。

この切断数とオイラー標数はつぎのように立体の場合に拡張されます。立体としては曲面を考えることにしましょう。図6.10はいくつかの曲面の例です。

これらの曲面に対してその切断数 s をつぎのように

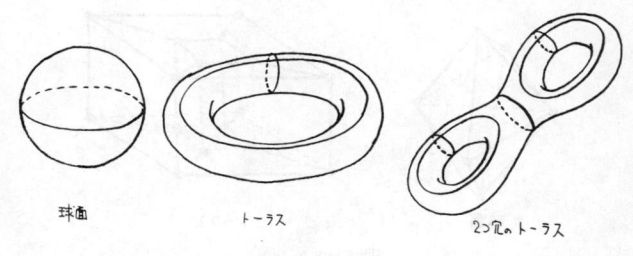

第6章 3角形の内角和と現代幾何学　227

図6.10　球面／トーラス／2つ穴のトーラス

定義します。

定義　その曲面上にうまい閉曲線を描き、それにそってハサミで切っても、その曲面が2つにバラバラにならない切り方の最大数 s を曲面の切断数という。

少しややこしいかも知れません。具体的な例で見ましょう。図6.11から、球面はどう切っても2つに分かれてしまいます。したがって切断数は 0、トーラス

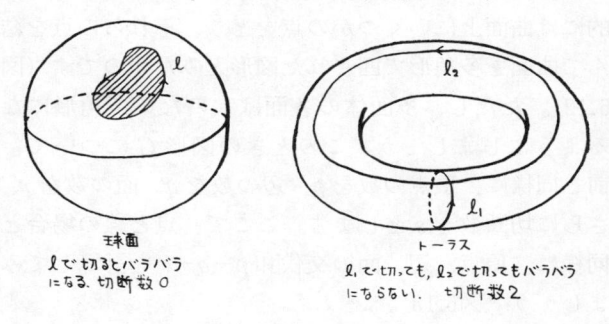

球面
ℓ で切るとバラバラになる．切断数 0

トーラス
ℓ_1 で切っても、ℓ_2 で切ってもバラバラにならない．切断数 2

図6.11

球面　　　　　トーラス
図6.12

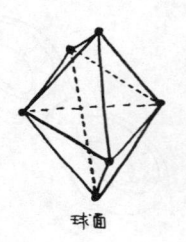

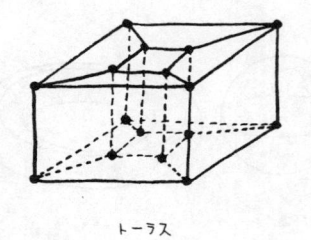

（浮き輪の形の曲面）では縦または横にぐるっと切ってもバラバラになりません。したがって切断数は2となります。2つ穴のトーラス（2人乗りの浮き輪の形の曲面）については切断数は4となることも分かると思います。

さて、いま曲面を多面体として考えましょう。具体的には曲面上にいくつかの点をとり、それらの点を結んで曲面を多角形で囲まれた図形とみなすのです（図6.12）。ただし、多面体の各面は穴のない多角形になるようにしましょう。このときの図形 G について、前と同様に、頂点の数を p、辺の数を q、面の数を r、さらに切断数を s とします。ここで、点と線の場合と同様に、頂点、辺、面の交代和 $p-q+r$ を計算してみましょう（図6.13）。

これらを見ていると、$p-q+r$ と切断数の和がつね

第6章　3角形の内角和と現代幾何学　229

$p=4, q=6, r=4$
$p-q+r=2$
切断数 $=0$

球面(1)

$p-q+r=8-12+6=2$
切断数 $=0$

球面(2)

$p-q+r=16-32+16=0$
切断数 $=2$

トーラス

$p-q+r=28-60+30=-2$
切断数 $=4$

2つ穴のトーラス

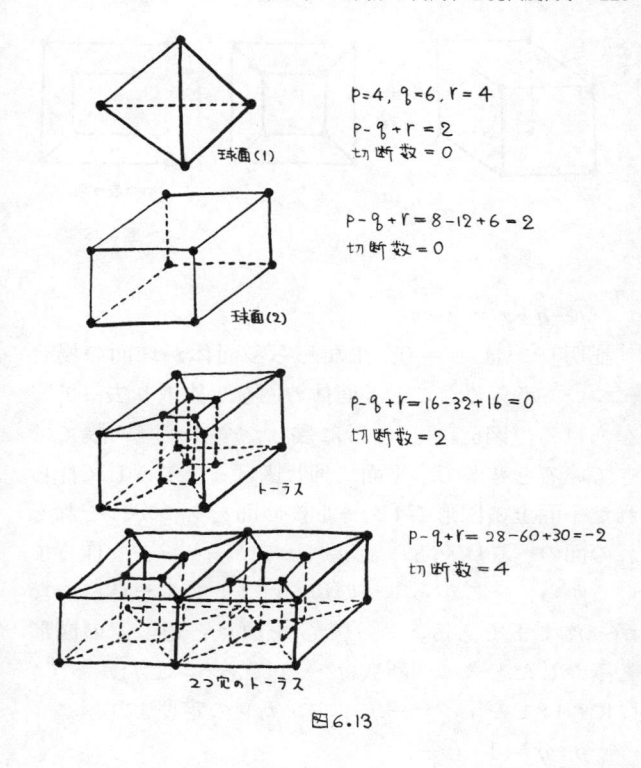

図6.13

に2となることに気がつきます。一般に次の定理が成立します。

定理（オイラー・ポアンカレ）　多面体の頂点数をp、辺数をq、面数をrとし、切断数をsとする。このとき、

図6.14

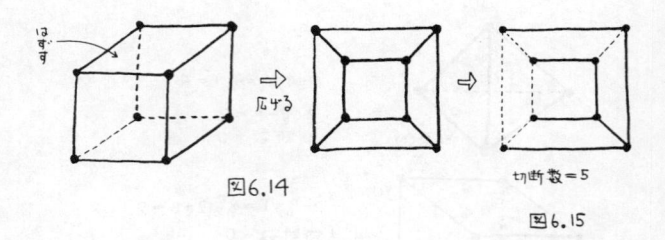

図6.15 切断数=5

$$p-q+r = 2-s$$

[証明]　(1) $s=0$、すなわち多面体が球面の場合について考える。この多面体の面を1枚取り去って穴をあける（図6.14）。さらに残った全体がゴム膜でできていると考えて、平面に押し広げる。こうして作られた平面上の図形 G は $r-1$ 枚の面をもつが、それぞれの面のへりはぐるっと1廻りのサーキットを作っているから、そこから1つの辺をはずしても全体はつながったままである。よって G を頂点と辺のみの図形とみなしたときの切断数は $r-1$ である。したがって、G についてのオイラー・ポアンカレの定理より、

$$p-q = 1-(r-1)$$

よって、

$$p-q+r = 2 = 2-0$$

で定理が成立する。

(2) 切断数 $s>0$ の場合を証明する。多面体 P の切断数 s は P が k 個の穴を持つトーラスなら、$s=$

図6.16

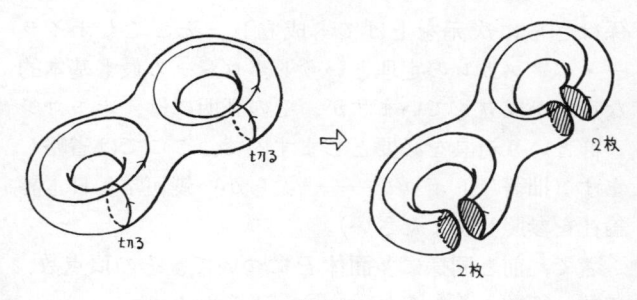

$2k$ である（図6.16）。このうち、k 個の切断線をとりそこで P を切ってみよう。切り口を $2k(=s)$ 枚の板（これは多角形ですが、図では円板）でふさぎ、膨らませて変形すると、球面が作れる。この球面に対して、頂点数と辺数は同じ数 t だけふえ、頂点数は $p+t$、辺数は $q+t$、面数は $r+s$ だから、

$p+t-(q+t)+(r+s) = 2$

よって、

$p-q+r = 2-s$

である。　　　　　　　　　　　　　　　　　　　[証明終]

この定理も、その出発点を植木算にもっていると考えられますが、ここまでくると、元の植木算の面影はだいぶ薄れてしまいます。それでも、多面体の切断数と、頂点、辺、面の交代和との間に一定の関係が成立するという基本的なスタイルは変わりません。この関

係はさらに次元を上げても成立し、そこでもオイラー・ポアンカレの定理というトポロジーの最も基本的な定理が成立していますが、その証明には、ホモロジー群という道具を必要としますので、ここでは省略します（拙著『トポロジー——柔らかい幾何学』日本評論社を参照してください）。

さて、前と同様に多面体 P について、その頂点数、辺数、面数をそれぞれ、p, q, r としたとき、

$p-q+r$

を P のオイラー標数といい、同じ記号 $\chi(P)$ で表わします。前と同様に $\chi(P)$ は多面体 P のつながり具合を表わす数と考えられます。オイラー・ポアンカレの公式によれば、球面のオイラー標数は 2、トーラスのオイラー標数は 0、2 つ穴のトーラスのオイラー標数は -2、となっているわけです。特に、正多面体や、デルタ多面体（各面がすべて正 3 角形でできている凸多面体）などは、すべて多面体としての球面ですから、そのオイラー標数は 2 です。

さて、以上で植木算から出発した散歩道は一応終わりです。この眺めが、トポロジーという魅力的な現代幾何学へと続く道の出発点になっていることが分かりました。こんな単純そうに見える問題でも、いろいろと拡張したり、条件に変化を与えたりすると、ずいぶんとおもしろい問題に発展していくものです。

では次に、トポロジーと並ぶ、現代的な幾何学の別の枝である微分幾何学の分野に目を向けて、3角形の内角和が180°であるという定理を通して見えてくる風景を眺めてみましょう。

§4 3角形の外角和と曲率

平面図形の性質のうち、初めのころに出てきて、しかも美しい性質といえば、「3角形の内角の和は180°である」があげられます。小学校では、実際に紙で3角形を作り、その3つの頂角を切り取って1つに集めて一直線になることを確かめたり、あるいは分度器を使って実測をして、内角和が180°になることを確かめたりします。

ところで、3角形のもつこの性質はよく知られているように、いわゆるユークリッドの平行線公理、すなわち、「直線外の1点を通り、その直線に平行な直線はただ1本だけある」ということと同値です。したがって、多角形の内角や外角の性質やそれらの和を調べるのは、ユークリッド平面やユークリッド空間にとって重要な意味をもっています。角の和については、3角形の内角和が180°であること以外に、多角形の外角和が辺数にかかわらずつねに一定で360°であることなどがあります。

このうち、まず多角形の外角和がつねに一定で360°

であることを取り出し、それに新しい光を当ててみたいと思います。

この性質は n 角形の内角和が $180°\times n - 360°$ であることを用いると

n 角形の外角和 $= 180°\times n -$ 内角和
$= 180°\times n - (180°\times n - 360°)$
$= 360°$

として示されますが、次のように考えるとその意味がはっきりするでしょう。たとえば、Aから出発する視線ベクトルが、多角形Pにそって一廻りし、元の位置に戻ったとします（図6.17）。視線ベクトルはPの各頂点で外角分だけ方向を変えますが、その方向の変化量の総和がPの外角和に他なりません。ところが、視線ベクトルは、Pの辺を一廻りして元の位置に

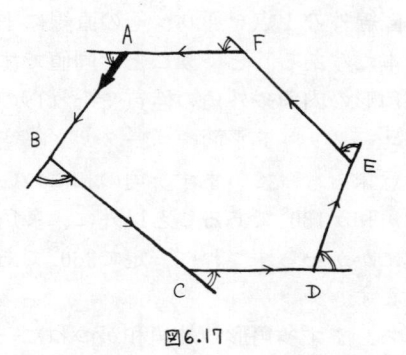

図6.17

戻ったわけですから、その総和は一廻りの角に等しく360°です。

このような見方からすると、ここで本質的なのはn角形の内角和の方ではなく、n角形の外角和のほうです。すなわち、n角形が閉じた一廻りの形になっているということが、方向の変化量の総和が360°であるということに他なりません。

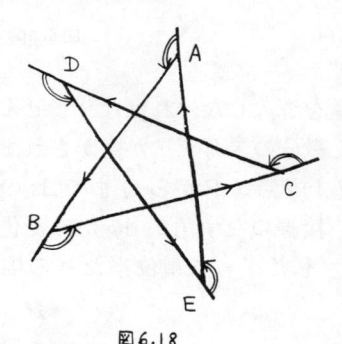

図6.18

この見方をすると、図6.18のような図形の外角和が何度になるのかも自然に分かります。この場合、Aから出発した視線ベクトルは2廻りしますから、その方向変化量の総和は720°になります。

このような直線図形の場合、視線ベクトルが方向を変えるのは各頂点のところだけですが、図形が閉曲線になったときでも同様のことが成立するでしょうか。そのためには、曲線上の各点に対して、視線ベクトル

図6.19

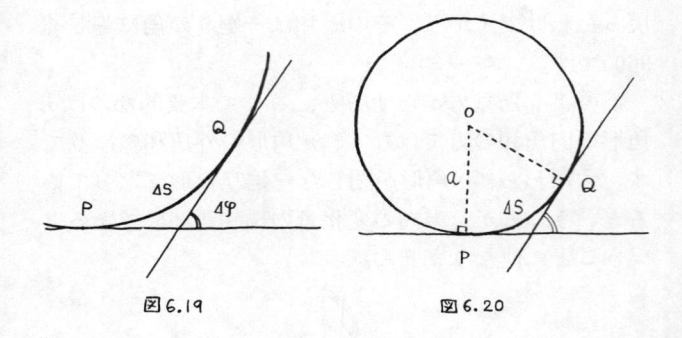

図6.20

の方向変化量を導入しなければなりません。ここで第1章で考えた微分のアイデアが生かされます。

いま曲線 l 上を点が P から Q まで Δs の長さだけ移動したとき、接線のなす角が $\Delta\varphi$ だけ変化したとします（図6.19）。したがって単位当たりの接線の角の変化量は

$$\frac{\Delta\varphi}{\Delta s}$$

となります。ここで $\Delta s \to 0$ としたときの極限値を $\kappa(\mathrm{P})$ と書き、P における曲線 l の曲率といいます。

定義 $\kappa(\mathrm{P}) = \lim_{\Delta s \to 0} \frac{\Delta\varphi}{\Delta s} = \frac{d\varphi}{ds}$

定義からすぐに直線の曲率が 0 であることや、曲率が大きければ、l は急カーブを描いていることなどが分かります。例として半径 a の円の曲率を求めてみま

しょう（図6.20）。

$\widehat{PQ} = \Delta s$ とすると、∠POQ はラジアンで測って、$\dfrac{\Delta s}{a}$ です。

∠POQ が 2 つの接線のなす角ですから、$\Delta\varphi = \dfrac{\Delta s}{a}$,
したがって、

$$\frac{\Delta\varphi}{\Delta s} = \frac{\dfrac{\Delta s}{a}}{\Delta s} = \frac{1}{a}$$

すなわち $\kappa(\mathrm{P}) = \dfrac{1}{a}$ となります。これは半径の小さい円ほど曲がり方が急だという私たちの常識にもあっています。

ここで、円の曲率を全円周にそって積分してみると

$$\int_0^l \kappa(\mathrm{P})ds = \int_0^{2\pi a} \frac{1}{a}ds = \frac{1}{a}\int_0^{2\pi a} ds = 2\pi = 360°$$

となります。これがいわば、「円の〝外角〟の総和が 360°である」ことに他なりません。

一般の一廻りの閉曲線の場合、

$$\int_0^l \frac{d\varphi}{ds}ds = \int_0^{2\pi} d\varphi = 2\pi$$

となります（図6.21）。ただし、l は曲線の長さで、2π は曲線上を P が一周したとき、図の OP が何回転したかで決まる量です。いまの場合は 1 回転ですから

2π ($= 360°$) となります。

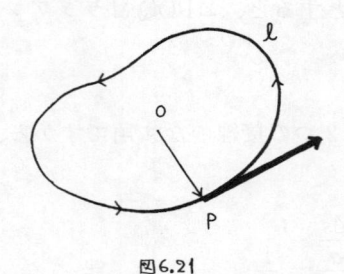

図6.21

　このように、多角形の外角和という量は回転によって決定する一種の不変量で、形によらずに決まる量です。ところが、内角和のほうは3角形、4角形など形の違いによって180°, 360°, …… と変化しているようにみえます。ここに新しい不変量を発見できないでしょうか。

　多角形の外角和が一定で360°（$= 2\pi$）になるという事実は、閉曲線の曲率をその閉曲線全体にわたって積分した量が、方向変化量の総和で360°になるという微分幾何学的な解釈で見事に説明されました。多角形の内角和のほうも同様に、現代的な幾何学の視点を借りて眺め直すことができるでしょうか。

§5 多角形の内角和

　組み合わせ位相幾何学（PLトポロジー）という幾

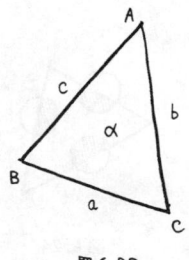

図6.22

何学は高次元の多面体という図形を初等幾何学のような手法で解析しています。その手法を用いて、多角形の内角和について考えてみましょう。

PLトポロジーでは1点を0次元単体、線分を1次元単体、3角形を2次元単体といいます。略して0-単体、1-単体、2-単体と呼びましょう。1つの2-単体をαとし（図6.22）、αを形作っている3個の0-単体A, B, C, 3個の1-単体a, b, c, 1個の2-単体αをαの面といいます（α自身もαの面といいます。一種の数学方言です）。普通は頂点、辺というので、ここでもそれらの言葉を使います。

さて、普通△ABCの内角とは各頂点での角、∠A, ∠B, ∠Cのことをいいますが、この用語を次のように拡張します。

● 頂点A, B, Cでの内角とは∠A, ∠B, ∠Cのことである（図6.23）。

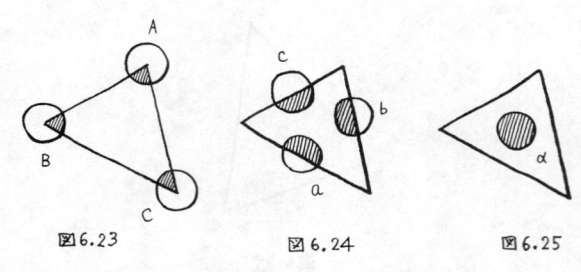

図6.23 図6.24 図6.25

- 辺 a, b, c での内角とは180°のことである。

これは図6.24の角を表わします。

- 面 α での内角とは360°のことである。

これは図6.25の角を表わします。

これらの角を $\angle a$, $\angle \alpha$ などと書くことにしましょう。ここではこれらの角をすべて3角形の内角と呼びます。

さてこのように3角形の頂点だけでなく、辺や面の内角も定義したとき、これらの〝和〟はどうなるでしょうか（図6.26）。△ABCについて、

$\angle A + \angle B + \angle C + \angle a + \angle b + \angle c + \angle \alpha$
$= 1080°$

一方、□ABCDについても、同様に、

$\angle A + \cdots\cdots + \angle a + \cdots\cdots + \angle \alpha = 1440°$

別に法則性はないように見えます。ところが、PLトポロジーでよく使われる手段、前節で扱った交代和を用いて内角の次元ごとの〝交代和〟を計算すると次の

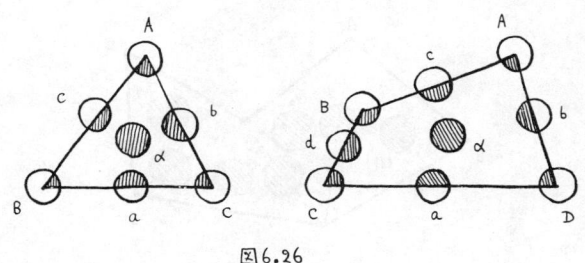

図6.26

ようになります。交代和とは足し算と引き算を交互に繰り返す和のことです。

△ABC について、

(∠A+∠B+∠C)−(∠a+∠b+∠c)+∠α
= 180°−540°+360° = 0

▱ABCD について、

(∠A+∠B+∠C+∠D)−(∠a+∠b+∠c+∠d)
+∠α = 360°−720°+360° = 0

すべて 0 になります。これは偶然ではありません。PL トポロジーの力を借りて、おもしろい不変量が見つかりました。

一般に次の定理が成立します。

定理 多角形の頂点、辺、面の内角交代和は 0 である。

この定理はあとで紹介する本間龍雄の定理（248ページ）を多角形に関して述べたもので、3角形の内角

図6.27

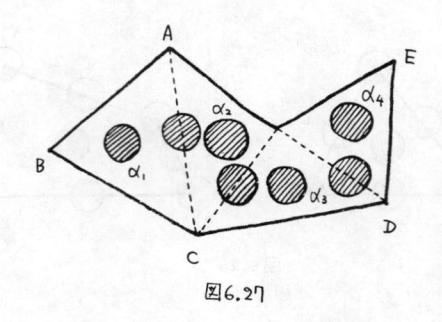

和が180°であることの一般化とみなせます。

［証明］　多角形 K を対角線でいくつかの 3 角形 α_1, α_2, ……, α_n に分割する（図6.27）。各 α_i での内角交代和は 0 である。ここで、K の内部に現れる辺は $n-1$ 本であることに注意すると、内部辺での辺の内角の和と $n-1$ 個の面の内角が打消し合うから、

$$0 = \sum_{i=1}^{n} (\alpha_i \text{の内角交代和}) = K \text{の内角交代和}。$$

［証明終］

一般に、いくつかの 3 角形 $\alpha_1, \alpha_2, \cdots\cdots, \alpha_n$ を組み合わせてできている図形 K（立体図形、たとえば 4 面体の表面のようなものでもかまいません）を 2 次元の多面体といいます。2 次元多面体 K の内角交代和を

$$K \text{ の内角交代和} = \sum_{i=1}^{n} (\alpha_i \text{ の内角交代和})$$

と定義すれば、明らかに次の定理が成り立ちます。

定理 2次元多面体 K について、K の内角交代和は 0 である。

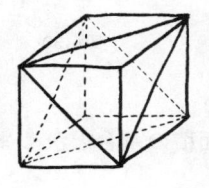

図6.28

12個の3角形からなる立方体の表面を K とすると、K の内角交代和は 0

この定理はそのまま高次元に拡張されます。ここでは立体について、その内角交代和が 0 となることを調べましょう。ところで、これを実行するためには、高次元の〝角〟と〝その大きさ〟を決めなければなりません。平面上では半直線 OX から半直線 OY への回転の大きさを表わす量として角の大きさを決めることができました(図6.29、次ページ)。しかし、空間内では回転量として角を表わすことができません(図6.30)。そのために、角の大きさを別の視点から捉え直すことが必要です。そこで平面上の角についてもう一度考えてみましょう。

∠XOY に対して、O を頂点とし面積が 1 の円 O を描きます(図6.31)。このとき、∠AOB の大きさを円

図6.29

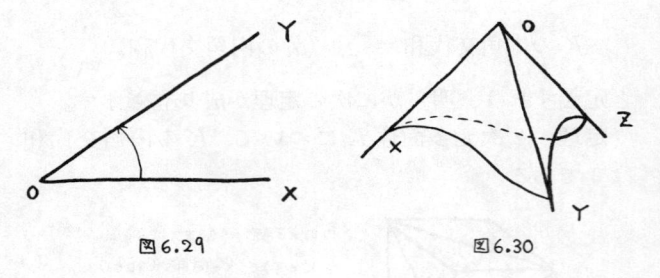

図6.30

の面積に対する扇形 AOB の面積の割合と決めます。すなわち、

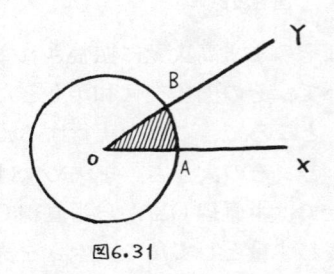

図6.31

∠AOB の大きさ = 扇形 AOB の面積

となります。平面上の普通の角度は、この意味での角の大きさを単に ∠AOB と書けば、$360° \times \angle AOB$ となります。

この視点で前の定理「多角形の内角交代和は 0 である」を見直すと、次のようになります。簡単のため、3 角形について図解します（図6.32）。図からすぐに

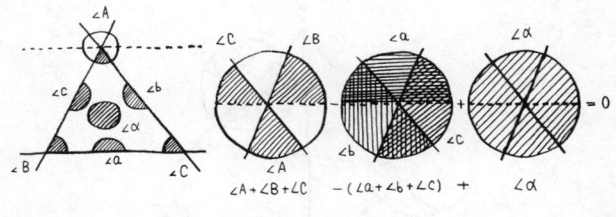

第6章 3角形の内角和と現代幾何学 245

図6.32

分かるように、3角形の頂点、辺、面の内角を前のように決めると、その交代和は確かに0になります。ここで決めた角の大きさを使うと、

$$\angle A + \angle B + \angle C - \left(\frac{1}{2} + \frac{1}{2} + \frac{1}{2}\right) + 1 = 0$$

$$\angle A + \angle B + \angle C = \frac{1}{2}$$

すなわち、

$$\angle A + \angle B + \angle C = 180°$$

です。

では、このアイデアを3次元の立体角に拡張しましょう。

4面体 ABCD に対して、その頂点を A, B, C, D、辺を a, b, c, d, e, f、面を $\alpha, \beta, \gamma, \delta$、4面体自身を K とします（図6.33）。

頂点を中心とする体積1の球を考えたとき、

  ∠A の大きさ ＝ 球から4面体 ABCD が切り取

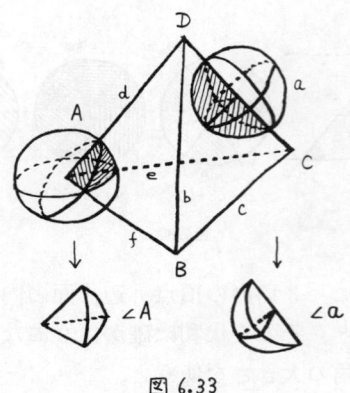

図 6.33

 る部分の体積

と決めます。同様に、辺 a について a 上の点を中心とする体積 1 の球を考えたとき、

 ∠a の大きさ = 球から 4 面体 ABCD が切り取る
 　　　　　　　部分の体積

と決めます。面 α や 4 面体 K についても同様ですが、これは明らかに、∠α = 1/2, ∠K = 1 となっています（図6.34）。

では、このとき、4 面体の内角交代和はどうなっているでしょうか。1 つの頂点を A、それと向かいあっている面を α とし、A を通り α に平行な面を α' とします（図6.35）。この立体図形を基にして、頂点 A のところに 4 面体のすべての内角を同位角として集め

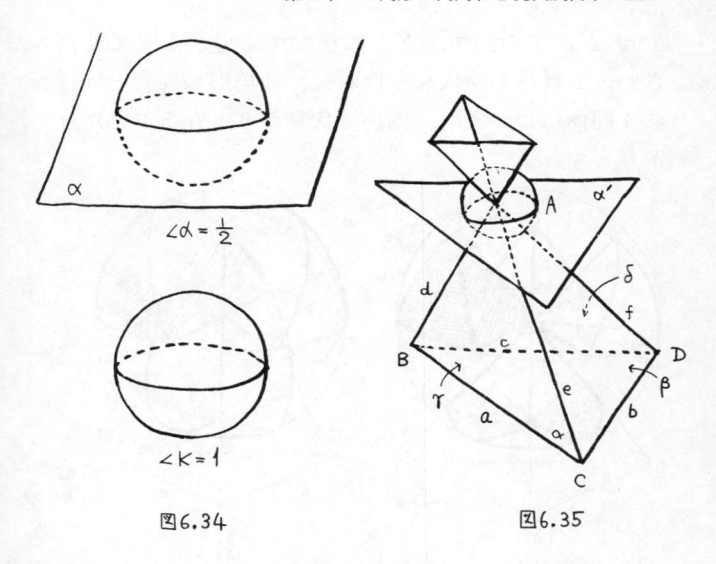

第6章　3角形の内角和と現代幾何学　247

図6.34

∠α = 1/2

∠K = 1

図6.35

て、それらの交代和を計算してみます。この立体角を模型として頭の中に思い浮かべるのはかなり大変ですが、正4面体とすれば、

図6.36

となります。これを立体図に分解したものが図6.37、6.38です。∠B, ∠C, ∠D が〝同位角〟でそれぞれどこに移動するのかが分かると思います。また、辺 a,

b, c, d, e, f の内角がどこに移動するのかも見てください。これらの交代和を作れば、3角形の場合と同様に4面体についても、内角交代和が0となることが分かります。

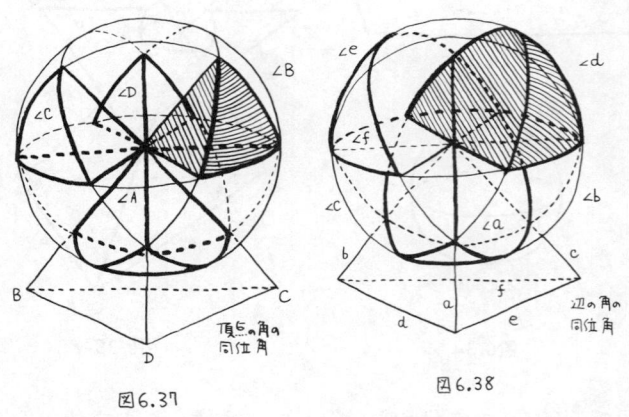

図6.37

図6.38

一般の多面体に対しても、それらをいくつかの4面体に分解し、

　　多面体 K の内角交代和

　　　$= \sum$ （各4面体の内角交代和）

と定義すれば、次の定理が成り立つことが分かります。

定理（本間の定理）　任意の多面体 K に対して、その内角交代和は0である。

以上のように、多角形や多面体の内角の和は、内角という概念を頂点だけでなく辺や面にも拡張し、その

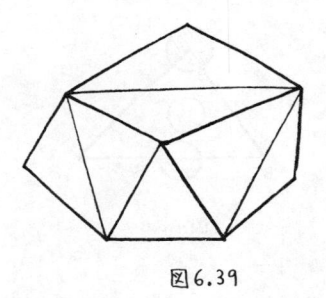

第6章 3角形の内角和と現代幾何学　249

図6.39

交代和をとるという操作によって、幾何学的な不変量となります。

§6　多面体の外角和とガウス・ボンネの定理

さて、閉じた折れ線の外角和が360°であるという事実は、曲率という曲線の曲がり具合を表わす量を導入することにより、曲線にそって1周すれば曲がり具合の変化量の総和が360°になるという形で意味が分かり一般化されました。では多面体の表面について、同様に〝外角和〟が定義できないでしょうか。

△ABCの頂点Aの〝外角〟を、

　　1－内角A

と決めます。すなわち頂点Aで面積1の円を考えたとき、その円の△ABCの外側にある部分の面積をAでの外角とするわけです（図6.40）。同様に辺aや面αでの〝外角〟を、それぞれ

図 6.40

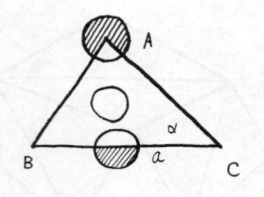

$$1-\angle a, \quad 1-\angle \alpha$$

と決めます。ただし、$\angle a$, $\angle \alpha$ はそれぞれ辺 a、面 α での内角で、$\angle a = \frac{1}{2}$, $\angle \alpha = 1$ でしたから、辺での外角は $\frac{1}{2}$、面での外角は 0 です。

このように外角を決めたとき、それらを $\angle A^e$ などと書くことにしましょう。この外角の定義は中学校以来なじんできた外角の定義（つまり辺の延長上での内角の補角）と少し違っていますが、どうも外角はこのように決めるほうが合理的で、いままでの外角を外接角（寺阪英孝『幾何とその構造』日本評論社による）と呼ぶほうがいいようです。e は exterior の頭文字です。すると、△ABC の外角交代和は、

$$(\angle A^e + \angle B^e + \angle C^e) - (\angle a^e + \angle b^e + \angle c^e) + \angle \alpha^e$$
$$= (1 - \angle A + 1 - \angle B + 1 - \angle C) - \frac{3}{2} + 0$$
$$= \frac{3}{2} - (\angle A + \angle B + \angle C)$$

$$= \frac{3}{2} - \frac{1}{2} = 1$$

すなわち、〝外角和〟は360°となります。これは曲率による意味付けと少々色あいが違いますが、確かに外角交代和は360°で一定になっています。

さて、この事実を2次元の多面体 K に拡張しましょう。そのため、多面体の頂点、辺、面における〝外角〟を次のように決めます（図6.41）。頂点 A を共有する面を $f_1, f_2, \ldots, f_r$、辺 a を共有する面を f_1, f_2（これは2枚しかありません）としたとき、

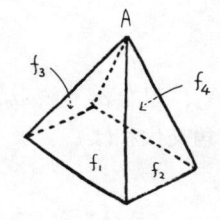

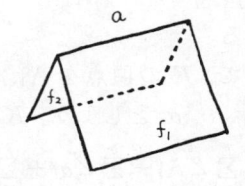

図6.41

$$\text{頂点 A での外角} = 1 - \sum_{i=1}^{r}(f_i \text{ での A の内角})$$

$$\text{辺 } a \text{ での外角} = 1 - \{(f_1 \text{ での } a \text{ の内角})$$
$$+ (f_2 \text{ での } a \text{ の内角})\}$$
$$= 1 - \left(\frac{1}{2} + \frac{1}{2}\right) = 0$$

$$\text{面 } \alpha \text{ での外角} = 1 - \alpha \text{ の内角} = 0$$

このように多面体の外角を定義すると、次の定理が成立します。

定理 2次元多面体 K について、その外角交代和は K のオイラー標数 $\chi(K)$ に等しい。

これを、PL トポロジーのガウス・ボンネの定理といいます。

[証明] 多面体を K とする。K の表面の多角形に適当に対角線を引き、すべて3角形としておく。K の頂点数、辺数、面数を p, q, r とすると、前節のオイラー・ポアンカレの定理によって、

$$p - q + r = \chi(K)$$

である。

さて、K の頂点を $A_1, \cdots, A_p$、辺を $a_1, \cdots, a_q$、面を $\alpha_1, \cdots, \alpha_r$ としよう。K の外角交代和は

$$\sum_{i=1}^{p} \angle A_i^e - \sum_{i=1}^{q} \angle a_i^e + \sum_{i=1}^{r} \angle \alpha_i^e$$

$$= \sum_{i=1}^{p}(1 - \sum(A_i \text{を頂点にもつ面での内角}))$$
$$- \sum_{i=1}^{q}(1 - \sum(a_i \text{を辺にもつ面での内角}))$$
$$+ \sum_{i=1}^{r}(1 - \sum(\alpha_i \text{の} \alpha_i \text{での内角}))$$

$$= (p - q + r) - (\sum_{i=1}^{p} A_i \text{の内角和} - \sum_{i=1}^{q} a_i \text{の内角和}$$
$$+ \sum_{i=1}^{r} \alpha_i \text{の内角和})$$

$$= (p - q + r) - (K \text{の内角交代和})$$

$$= \chi(K) - 0 = \chi(K)$$
［証明終］

特に、普通の凸多面体 K、すなわち、ふくらませると球面となる多面体については、

$$\chi(K) = 2$$

でしたから、次の系が成立します。これをデカルトの定理とも呼びます。

系（デカルトの定理）　凸多面体 K について、その外角交代和は720°である。

この系は次のような解釈ができます。多面体の辺と面における外角はそれぞれ $1-\left(\dfrac{1}{2}+\dfrac{1}{2}\right)$ で 0、$1-1$ で

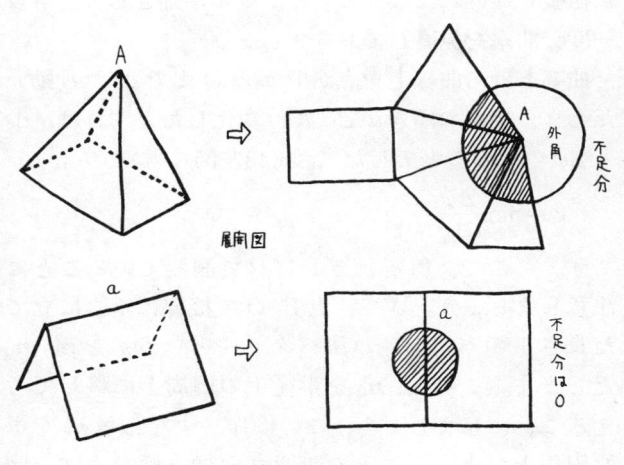

図6.42

0 でしたから、多面体の外角交代和とは頂点の外角和に他なりません。さらに頂点の外角とは 1 − 内角和でしたから、これはその頂点を平面上に展開したときの展開図での A の囲りの角の 360° からの不足分に他なりません（図 6.42）。辺 a では図のように平面に展開したときの不足分は 0 ですから、外角が 0 となるのです。したがって、デカルトの定理は多面体における頂点の角の不足分の総和が 720° であることを示しています。

では、この結果を多角形の場合と同様に曲面に拡張できないでしょうか。そのためには曲線のときに外角概念の一般化となった曲率という考えを、曲面の曲率に拡張しなければなりません。その準備として、もう一度、曲率を見直しておきましょう。

曲率とは、曲線上を点が P から Q まで Δs だけ動いたとき、接線の傾きが $\Delta\varphi$ だけ変化したとすれば、Δs と $\Delta\varphi$ の比のことでした（図 6.43 左図）。つまり

$$\kappa = \lim_{\Delta s \to 0} \frac{\Delta\varphi}{\Delta s}$$

です。ここで、角 φ はラジアンで測っていることに注意しましょう。さて、点 P, Q で接線に垂直に立てた長さ 1 のベクトル（法ベクトルという）を n_P, n_Q とします。この n_P, n_Q を半径 1 の円周上に移して考えることにしましょう。この操作、すなわち n_P を単位円周上で考えることをガウス写像と呼びます（図

図6.43

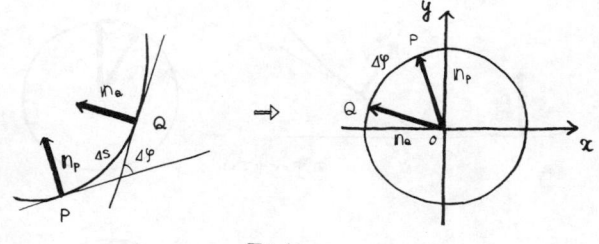

6.43右図)。

さて、ガウス写像で n_P, n_Q は単位円周に端点 P, Q をもつベクトルに移りますが、このとき当然、n_P, n_Q のなす角も $\Delta\varphi$ です。ここで φ がラジアンで測られていることを思い出すと、結局、$\Delta\varphi$ とは $\widehat{PQ}$ の長さに他なりません。こうして、曲率という概念のもう1つの意味が分かりました。すなわち、曲率とは、曲線上を点が Δs だけ動いたとき、対応する法ベクトルの端点が単位円周上をどれだけ動くかという割合を表わしているのです(図6.44)。

このアイデアをそのまま曲面に当てはめたのが曲面の曲率の定義です。まず、曲面上の点 P での接平面を考え、P で接平面に直交する単位ベクトル n_P を考えます。平面の場合と同様に、n_P を法ベクトルといい、n_P を単位球面上に移す写像をガウス写像といいます(図6.45)。

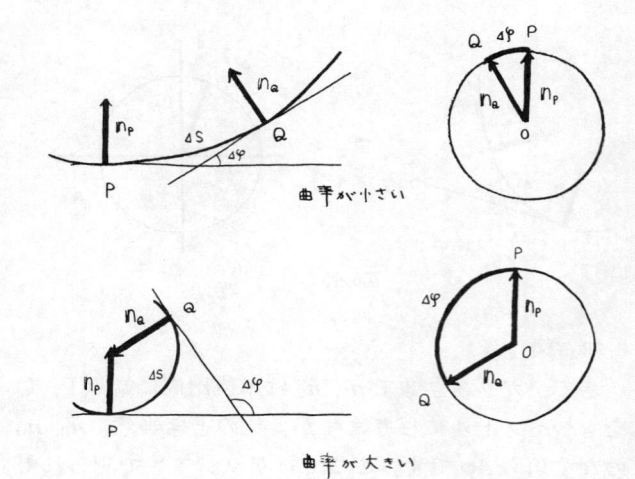

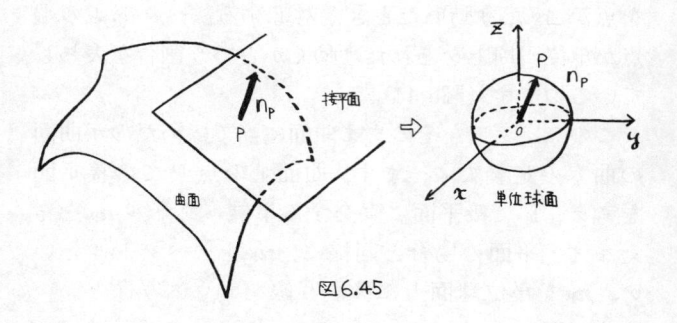

図6.44 曲率が小さい / 曲率が大きい

図6.45

さて、曲面上でPを中心とした小さい円板（Pを中心とし、半径 ε 以内にある曲面上の点全体）を考え、その面積を ΔS とします（図6.46）。この曲面上の点に法ベクトルをたて、それらをガウス写像で単位球面上に移します。このとき、それらの法ベクトルの端点の全体は、単位球面からある面積 $\Delta \sigma$ を切り取ります。この2つの面積の比の極限

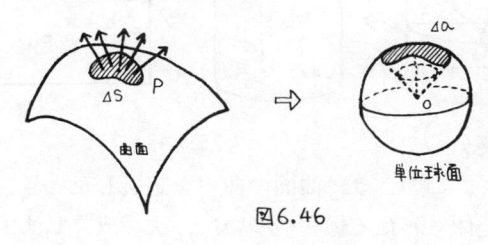

図6.46

$$\lim_{\Delta S \to 0} \frac{\Delta \sigma}{\Delta S}$$

を曲面の点Pでのガウスの曲率といい、$\kappa(\mathrm{P})$ と書きます。

κ は私たちが直観的に考える曲面の曲がり具合を数値化したものですが、多少ずれる点もあります。たとえば、円柱面上の点Pについて、その曲率は0となります（図6.47、理由を考えてください）。これは、多面体の辺での外角が0であったことに対応し、多面体の辺の部分が平面に展開できるのと同様に、円柱の側面が平面に展開できることを示しています（図

6.48)。

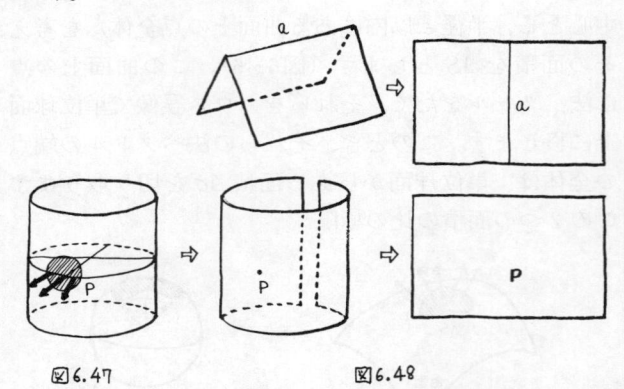

図6.47　　　　　　図6.48

さて、このように曲面の曲率を定義したとき、その曲面全体にわたる総和について、次が成立します。これが、ガウス・ボンネの定理の一般の形です。

定理（曲面に関するガウス・ボンネの定理）

$$\int_S \kappa(\mathrm{P})dS = 2\pi\chi(S)$$

ただし、$\chi(S)$ は曲面 S のオイラー標数を表わす。

この定理が、前に証明した、多面体 K の外角交代和が K のオイラー標数 $\chi(K)$ に等しくなるという定理の曲面への一般化です。曲面の曲がり方（曲率）という局所的な性質の曲面全体にわたる総和をとることによって、曲面全体の大域的な性質が導かれるという、ガウス・ボンネの定理の性格を充分に鑑賞してくださ

い。積分をして全体の和をとるという操作は、全体をならして均一にしてしまうということ、すなわち、一種の平均をとることでもあり（第1章参照）、曲面は部分部分でみると曲がり方もさまざまですが、ならしてみると、全体としての性格が分かるということです。

一般のガウス・ボンネの定理の証明はここでは行ないません。微分幾何学の標準的な教科書に書いてありますので、それを参照してください。ただ、ここで扱った曲面を十分小さな3角形で覆い、曲面を多面体とみなすことによって、〝多面体の外角交代和がその多面体のオイラー標数に等しい〟という定理が、一般のガウス・ボンネの定理に進化するということは直観的には分かると思います。

3角形の内角和が180°である、あるいは、多角形の外角和がつねに一定で360°であるという、小学校の図形の最も基本的な事実は、こうして一般化を重ねることによって、ガウス・ボンネの定理という現代幾何学の最も美しい結果の1つにつながっているのです。

§7　形の不思議

いままでの節で見てきたように、小学校や中学校の幾何教育の中にも、現代的な幾何学に通じる見事な散歩道があったわけですが、幾何学という数学はもともと形に対する好奇心も合わせてもっていました。特に

最近はコンピュータ・グラフィックスの発展に伴って、かつては簡単には見られなかった奇妙な図形も、比較的容易に見ることができるようになりました。ここでは、そのような図形も含めて、数学のさまざまな場所に顔を覗かせるいくつかのおもしろい図形について鑑賞しましょう。

(1) メビウスの帯（図6.49）。

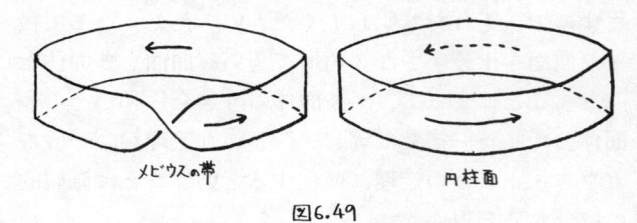

メビウスの帯　　　　　円柱面

図6.49

この曲面は裏、表の区別のない曲面としてよく知られています。1枚のテープを半ひねりして貼り合わせると簡単に作ることができます。この曲面と半ひねりをしないでそのまま貼り合わせた円柱面とを比べてみれば、その奇妙さは明らかでしょう。円柱面の方は外側にひいたラインは決して内側に入りこむことはありませんが、半ひねりを与えたメビウスの帯のほうは、外側にひいたラインがいつのまにか内側に入ってしまうことが分かります。

ところで、本来、面とは厚さがないものです。したがって、本当は面の裏と表という表現は正確ではあり

ません。円柱面もその意味では裏も表もありません。すなわち、透明なテープやビニールの板でメビウスの帯と円柱面を作り、面は1枚だと考えると、その表面に描かれたラインは、どちらもぐるっと一廻りして元に戻り同じ円になってしまいます（図6.50）。したがって、メビウスの帯と円柱面を区別するためには、本当はもう少し別の言葉が必要なのです。

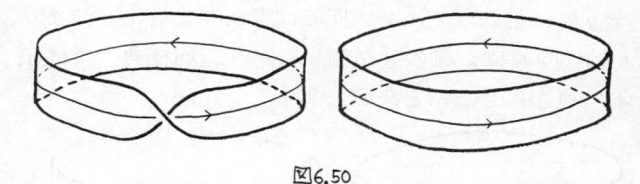

図6.50

そのために数学は曲面（一般には図形）の向き付け可能性という概念を考えました。向き付け可能性とはおおよそ次のようなことをいいます。

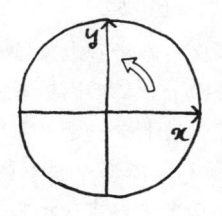

図6.51

曲面上で考えましょう。曲面上に小さな円板をとり、その上に直交する2つの方向を定めます。両方を区別

するために片方をx軸、片方をy軸と呼びましょう（図6.51）。

さて、x軸をy軸に重ねる回転を左ネジの回転ということにします（x, y軸の名前は便宜的なものですから、「左」に特別な意味はありません）。この円板を円柱面上であちこちに移動してみます（図6.52）。すると、この円板が円柱面上のどこにあっても、x軸をy軸に重ねる左ネジの回転は変わりません。つまり、y軸はつねにx軸の「左側」にあり、円柱面上では左右の概念はきちんと決定します。

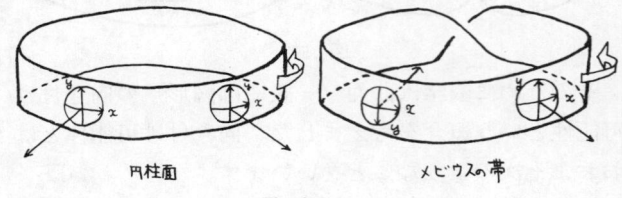

図6.52

ところが、メビウスの帯の上ではこういかないのです。メビウスの帯の上をこの円板をあちこちに移動してみます。そして、帯上を一廻りして元に戻ってくると、いままでx軸の左にあったy軸が右に位置を変えているのが分かります。すなわち、メビウスの帯上では矛盾なく左右の概念を決定することができないのです。このとき円柱面は向き付け可能だが、メビウスの帯は向き付け不可能であるといいます。これで、裏、

表という考えを用いずにメビウスの帯の特徴を捉えることができました。

この事実は、次のような模型を用いて目で見ることができます。透明なプラスチックの帯を2枚用意し、2枚を同時に半ひねりして二重のメビウスの帯を作ります（図6.53）。この二重のメビウスの帯の間を本物のメビウスの帯と考え、この間に同じく透明な円板に x, y 軸を書き入れたものを入れ一廻りさせると、確かに円板の左、右が入れ変わってしまうことが分かります。

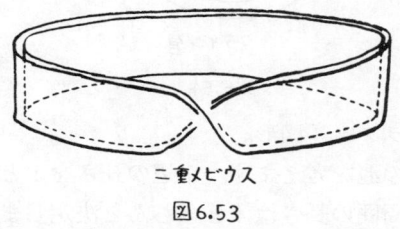

二重メビウス

図6.53

向き付けができない曲面は他にもあり、特に興味深いものは、球面やトーラスのように〝ヘリ〟をもたない閉曲面で向きが付けられないものです（メビウスの帯はヘリをもつ曲面です）。ところが、このような曲面はどうしても3次元空間の中に埋め込むことができないことが知られています。無理に埋め込むと傷ができてしまいますが、そのような曲面の1つであるクライン管の図だけあげておきます（図6.54）。クライン

管の中には自然な形でメビウスの帯が埋めこまれていますが、図から、そのメビウスの帯を発見してください。

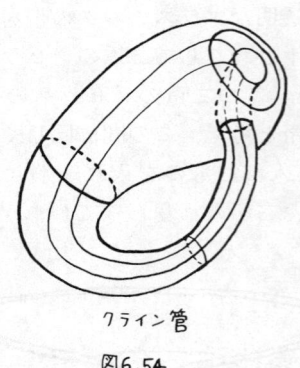

クライン管

図6.54

(2) フラクタル図形。

正方形の池を考えます。1辺の長さを1とすると面積は1、周囲の長さは4ときちんと決定します。では、池の広さを変えずにまわりを少しでこぼこにして、周囲の長さを増してみましょう（図6.55）。面積は1に保たれたまま、周囲のでこぼこはだんだん増えていきます。1回ごとにその1つ前の5/3倍になりますから、nステップ目で周囲の長さは$4 \times \left(\dfrac{5}{3}\right)^n$となり、$n$を大きくしていくと、$\left(\dfrac{5}{3}\right)^n$は$\infty$になりますから、結局、

第6章 3角形の内角和と現代幾何学　265

無限大の長さで1の広さを囲う池ができることになります。

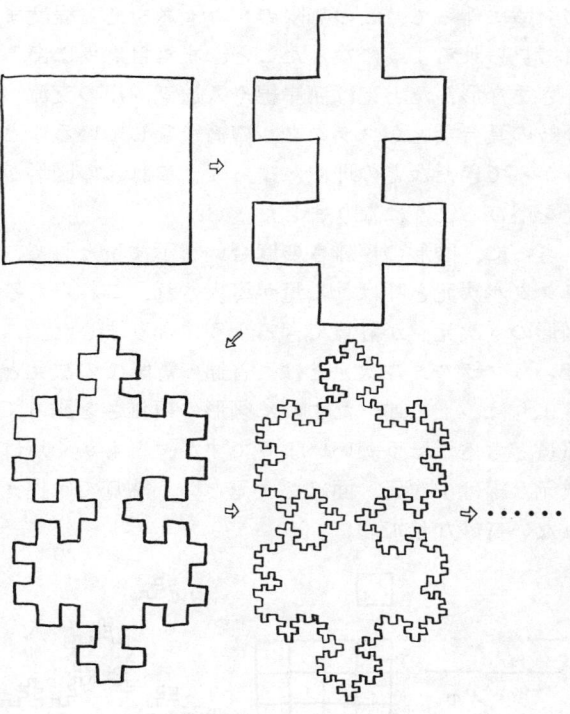

図6.55

ここに出てくる池の周囲の図形はずいぶん奇妙な形をしています。もちろん、無限回の反復を具体的な図として見ることはできませんが、このような図形をフ

ラクタル図形といいます。図形としては昔から知られていましたが、最近のコンピュータ・グラフィックスの発達に伴って、この無限のプロセスをある程度まで目で見られるようになったこと、また自然界にあるさまざまな形、たとえば海岸線や入道雲、川の支流への分岐の具合などがフラクタルの構造をしていることが分かってきたなどの理由によって、これらの図形が脚光を浴びるようになりました。

さらに、図形の複雑さの度合いを示す量として、フラクタル次元と呼ばれる量が導入され、これら奇妙な図形の「次元」が計算できるようになりました。ここでいうフラクタル次元とは、普通の意味での次元というよりは、上で述べたように図形の複雑さを測っている量と考えたほうがいいようですが、ともかく点は0次元、線は1次元、面は2次元という感覚では捉えきれない奇妙な量です。

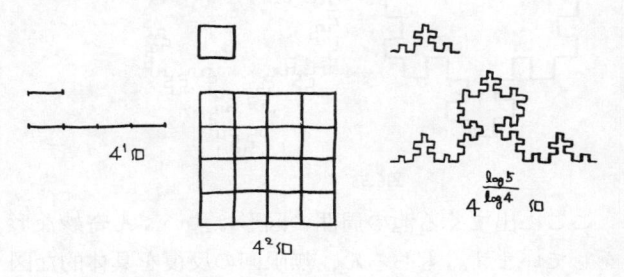

4^1個

4^2個

$4^{\frac{\log 5}{\log 4}}$個

図6.56

図6.56のように、相似比 1：4 の図で、元の図が何個あれば拡大した図形がカバーできるかを考えると、線分では 4^1 個、正方形では 4^2 個ですが、このでこぼこした図形では 5 個、すなわち $4^{\log 5/\log 4}$ 個必要となります。この指数 1, 2, $\dfrac{\log 5}{\log 4}$ を元の図形のフラクタル次元と呼びます。1, 2 は普通に考えられる線分や正方形の次元 1, 2 と一致していますが、フラクタル図形である

については、$\log 5 \div \log 4 \fallingdotseq 1.16$ という非整数の奇妙な値になることに注目してください。これは、この図形が線分ほど単純ではないが、面ほどの広がりももっていないと解釈すればよいと思います。

いままでに見てきたように、小学校、中学校に出てきたいろいろな形は次第にその姿を変えながら、向き付け可能性、あるいは複雑さの度合いとしてのフラクタル次元など、さまざまな新しいアイデアを取り込んでいきます。図形も成長していき、新しい数学の中にその姿を見せてくれるでしょう。

しかし、そのどのステージにあっても、形そのものが持つ不思議な魅力こそ、幾何学という数学に人を駆

りたててきた原動力だと思われます。図形の持つ美しさをもう一度味わっていただければ幸いです。

進んで学ぶ人のために

　この本では、小学校、中学校で学ぶ初等的な数学の中に、これから先の数学につながっていくさまざまなイメージを見つけだすことを目標としました。

　ややもすると、算数、数学という言葉の違いから、このふたつがまったく別物であるかのような印象を持っている人もいるようですが、本書で見たとおり、数学はもともと全体を通して1つの流れの中にあり、算数のむずかしさは数学のむずかしさであり、数学のおもしろさは算数のおもしろさでもあったのです。

　さて、本書では、数学をできるだけイメージとして捉えてもらえるようにと考えましたが、数学という学問のもう1つの特徴は、それが記号およびその形式的な運用を方法として用いて研究されていくということです。この事実は数学という学問に透明な美しさを与えてくれますが、その一方であまりに形式化された記号の体系というものがいささかとっつきにくいということも確かなようです。その点を少しでも補ってみたいというのが、本書の執筆の動機でもありました。

　ここでは、本書であまり触れられなかったきちんとした数学を進んで学ぼうという人のために、少しばか

りブック・ガイドをしておきたいと思います。

●第1章　濃度のなかの微分積分学

　　［1］　　森毅『微積分の意味』日本評論社
　　［2］　　田村二郎『微積分読本』岩波書店

　微分積分学を高等学校で学んできた人にとっても、本書で扱ったような濃度を使ったイメージはわりと新鮮だったのではないかと思います。このように、微分積分学が極限内包量を扱う数学だということをしっかりと視野におさめた本の中では、［1］、［2］がおもしろいと思います。どちらも、一度微分積分学を学んだ人がもう一度振り返って見るための本として書かれています。

●第2章　算数のなかの無限

　　［3］　　瀬山士郎『はじめての現代数学』講談社
　　　（講談社現代新書）
　　［4］　　森毅・木幡寛『はてなし世界の入り口』福音館書店（『月刊たくさんのふしぎ』）

　この章では ε-δ 論法をきちんと身につけるという

ことが主題となっていますが、そのための本は第5章にまわしてあります。ここではもう少しのんびりと、数学にあたりをつけるための本を2冊ほど紹介しておきます。

［3］は現代数学への肩の凝らない入門書です。

［4］は小学生向けの数学絵本ですが、もちろん大人が読んでも大変におもしろいと思います。

　福音館書店からは同じシリーズとして、

　　野崎昭弘『さかさまさかさ』『フレ！　フレ！　100まんべん』

　　瀬山士郎『ぐにゃぐにゃ世界の冒険』

という数学絵本が出版されています。絵はどれもタイガー立石です。

●第3章　方眼紙とベクトル空間

　［5］　　関沢正躬『直線と平面』日本評論社
　［6］　　佐武一郎『線型代数学』裳華房
　［7］　　森毅『線型代数――生態と意味』日本評論社

［5］は特に平面と直線のベクトルとしての扱いに焦点を当てた本で、本書のような扱いが、どのようにきちんとした数学になっていくのかを見るのに手ごろで

す。

［6］は線形代数のための本格的な教科書で、定評のある名著です。きちんとノートをとりながら1年ぐらいかけて読むと、線形代数についてはかなり本格的な知識が身につくでしょう。

［7］は先に挙げた『微積分の意味』の姉妹編で、気軽に読める解説書です。

●第4章　1次変換という名の正比例

　［8］　木村良夫『目でみる線形代数』サイエンティスト社
　［9］　小沢健一・木村良夫『楽しい数学イラストの世界』サイエンティスト社

1次変換については［6］にそのきちんとした解説がありますが、［8］、［9］はどちらも目でみることを主眼とした1次変換の解説書で、行列式のもつ幾何学的意味などが分かりやすく解説されています。

●第5章　平方完成からテーラー展開へ

　［10］　高木貞治『解析概論』岩波書店
　［11］　杉浦光夫『解析入門Ⅰ、Ⅱ』東京大学出版

会
　[12]　　古川昭夫『新版微積分ノート』SEG出版

　微分積分学の本格的な教科書は何といっても[10]の『解析概論』が有名ですが、少し古典的すぎるのが難点といえば難点です。

　現代的な視点から捉えた微分積分学の本格的な教科書としては、[11]が大変にすぐれています。2巻本で、読み通すのは少し大変と思う人もいるかも知れませんが、記述がていねいですから、それほどでもないでしょう。

　[12]も大変ユニークな微分積分学の入門書で、著者の古川昭夫が、読者がどのようなことで戸惑っているのかを十分に知っているからこそ書けた本だと思います。

●第6章　3角形の内角和と現代幾何学

　[13]　　長野正『曲面の数学』培風館
　[14]　　小林昭七『曲線と曲面の微分幾何』裳華房
　[15]　　宮崎興二『かたちと空間』朝倉書店
　[16]　　瀬山士郎『トポロジー——柔らかい幾何学』日本評論社
　[17]　　田村一郎『トポロジー』岩波書店

［13］は現代的な幾何学の解説書としてはあまり類を見ない大変にすぐれた一般向き解説書です。現代的な幾何学のすべての分野をあまり数式を用いずに見事に解説してくれます。

［14］は微分幾何学の基本的な教科書です。

［17］はトポロジーの定評ある教科書で、基本的な知識がきちんと扱われていて読みやすい本です。

［16］もトポロジーの教科書ですが、目で見て直観的に分かることを主眼においたやさしい解説書です。

［15］は形と空間についてのおもしろい本です。著者宮崎興二の幾何学的な感性が見事に発揮された本で、眺めているだけで、いろいろと触発されることも多い本だと思います。

そのほかに、数学全体を楽しむための参考書としては、次のような本も大変におもしろく参考になると思います。

[18]　野崎昭弘『数学的センス』日本評論社
[19]　西山豊『卵はなぜ卵形か』日本評論社
[20]　彌永昌吉（編）『数学教本（上下）』朝倉書店
[21]　W・G・マッカラム他『概念を大切にする微積分』日本評論社
[22]　難波誠『幾何学12章』日本評論社

[23] 小笠英志『4次元以上の空間が見える』ベレ出版
[24] S・ロバーツ『多面体と宇宙の謎に迫った幾何学者』日経BP
[25] G・スピーロ『ポアンカレ予想』早川書房
[26] サイモン・シン『フェルマーの最終定理』新潮文庫
[27] M・ソートイ『シンメトリーの地図帳』新潮社
[28] I・スチュアート『数学の秘密の本棚』ソフトバンク
[29] 瀬山士郎『はじめての現代数学』ハヤカワ文庫
[30] 瀬山士郎『不可能を証明する』青土社

[18][19]は数学的な考え方のエッセンスを読み物風に書いた本です。4次元が見たい人は[18]を、理屈っぽい話が好きな人なら[19]がおすすめです。

[20]は第一級の数学入門書。もう一度数学を学んでみたい人にも向いています。

[21][22]は数学の教科書です。[21]はアメリカの微分積分学の教科書。例題や応用が沢山あり、じっくりと読むのに向いています。[22]は幾何学の肩の凝らない読み物風の教科書で本書第6章の内容を補充し

てくれます。[23] から [30] までは教科書ではなくて数学読み物。幾何学が好きな人は [23] [24] [25] を読むと面白いと思います。想像力が数学の原動力だということが分かります。代数学が好きな人には [26] [27] が向いています。『フェルマーの最終定理』は世界的なベストセラーになり、日本でも数学読み物としては異例のベストセラーになりました。[28] は少し長めのコラムのようなもので、数学の面白さがつまっています。続編に『数学の魔法の宝箱』があります。最後に私の本を少しだけ紹介します。[29] は本書の元版でも取り上げたものの文庫版です。最新の情報を少し加筆しました。[30] は数学史風な味付けのある現代数学の入門書ですが、数式は最小限にとどめてあり、数学好きな人なら誰でも通読できると思います。

文庫版あとがき

　本書は1993年に日本評論社から『数学の目・算数のすがた』というタイトルで刊行されました。数学の一般向け解説書ですが、数学教育を視野に入れて執筆し、実際に現場の数学教員から、数学教育の参考書としては異色で役に立ったという好意的な評価もいただきました。また、数学の専門の論文に参考文献として載ったことも嬉しい思い出です。

　実際に、『数学の目・算数のすがた』は中学校の先生方との数学教育研究の中から生まれました。数学の教員は、解析学や線形代数学、あるいは微分幾何学、位相幾何学などの専門分野の数学を身につけて教壇に立ちます。そのとき、自分が学んできた専門の数学と、これから児童・生徒たちに学んでもらうべき数学との間で多少のとまどいを感じることがあります。数学を教えるためには、小学校の算数、あるいは中学校の初等数学の中にある様々な概念が、数学の専門的な概念にどのように発展し繋がっていくのか、逆に、数学の専門的な概念がどのように算数や初等数学の中に埋め込まれているのか、ということについてしっかりとした目を持つことが必要なのです。それは数学を注意深

く考察すれば自ずと分かることなのですが、多くの場合、いま目の前にいる児童・生徒たちに伝えなければならない概念にとらわれて、それが数学の大きな文脈の中でどのような位置を占めているのかを置き去りにしてしまうことが起こりがちです。

　さらに、このような目を持つことは、教育を離れても、数学という面白い学問の裾野を広げてくれます。今まで学んできた数学、これから学ぶであろう数学にたいして「なるほど、そうだったのか」という、学問を理解する上でもっとも大切な感覚を養ってくれるでしょう。また、数学が好きな人たちはより高度な専門の数学を学ぶことに集中してしまい、それらの数学の原型が、実際は素朴な手触りのある概念として算数の中に息づいていることに気がつかないことがあります。本書の新しい題名『数学と算数の遠近法』は、算数の中に数学の原型を見つけ、数学の中に算数の発展した姿をみつけ、算数の中に数学のルーツを見つけるための手引き書として本書が書かれたということをタイトルにしたものです。

　小学生の時ランドセルを背負って通った通学路、ずいぶん遠かったという記憶がありますが、途中いろいろなことをして遊びながらの道で、そのときの風景は小学生の心の中に思い出として残るのでしょう。ところが、同じ通学路、成人してから歩いてみると、じつ

はそんなに遠くなかった。あのとき、大きな川に見えたのはただの水路だった。大きな山のように思っていたが、それは丘で、その上に上るともっと遠くまで見える。そんな経験は誰にでもあることです。数学の風景も同じです。数学を一通り学んで、もう一度小学生の通学路を歩いてみると、小学生の時に見た風景が、別の姿をとって見えてきます。なるほど、そういうことだったのか、と思える。あれほど悩んだ食塩水の濃度の問題が、微分積分学という姿をとって再登場する。あるいは、三角形の内角の和がガウス・ボンネの定理という微分幾何学の美しい定理の原型としての姿を見せる。これが元の本で書いた「行きの目・帰りの目」ということです。大人の足でもう一度算数の道を歩き、その風景を数学という眼鏡を通して見る、その経験は数学の理解を一層深めるに違いありません。

　数学という学問はある意味でとても特別な学問です。本書の初版はいまから20年近くも前です。これが一般の科学解説書なら内容が古びているところです。最新の科学の知見に書き替えないといけないでしょう。しかし、数学の知識は決して古びません。ユークリッド幾何学など2000年以上の生命を保っている古典中の古典です。小学生、中学生が学ぶ数学も、それが現代数学の基礎になっているという意味での古典数学であり、数学の古典はいつまでも古典としての価値を持

ち続けているのです。

 そんなわけで、本書は高校生までに学ぶ古典の現代語訳とでもいうような数学書になりました。本来、数学は1つのものです。元の本に書いたとおり、算数が数学と名前を変えただけで急に難しい学問になるわけではありません。数学の難しさは算数の難しさであり、算数の面白さは数学の面白さなのです。本書を読んでくださる読者の皆さんが、数学を通して算数の姿をもう一度確認してくれれば、著者としてこんなに嬉しいことはありません。

 本書がハヤカワ文庫の1冊としてもう一度世に出るということは望外の幸せでした。前回の『はじめての現代数学』の文庫化のときと同様に、本書を丁寧に通読し、文庫化を積極的に支持してくれた編集部の伊藤浩さんには、心から感謝いたします。ハヤカワ文庫版『はじめての現代数学』でも書いたことですが、本書がハヤカワ文庫の1冊として、一風変わったハードSFとして読まれることを心から希望してやみません。

解説——数学ファンへの贈り物

明治大学理工学部教授
砂田利一

　筆者は瀬山士郎氏のファンである。氏の書く啓発書の楽しさ面白さにいつも感服している読者の一人である。氏にお目にかかったのはたった1度だけだが、そのとき「なるほど、この人が瀬山さんか」と妙に納得したことを覚えている。すなわち、彼の人柄と著作の性格に見事な一致を見たのである。というわけで（まったく理由にはなっていないが）、本書の解説を引き受けることとなった。だが、稚拙な解説が本書の素晴らしい内容を汚すのを恐れ、まずは数学の啓発書についての一般的感想（というより、筆者の独断と偏見）から話を始めることにする。

　外国の数学者と話をするとき、それぞれの国における「数学事情」が話題になることが多い。すなわち、数学に対する社会の見方や国の科学政策において数学の占める位置などで、彼の国と我が国とでどれほどの違いがあるのかを見定めようとするのであるが、概して悲観的な状況を披露しあうことになるから、結局互

いに慰めあうことで会話は終わることになる。

ただ1つだけ、日本での事情が他の国とは異なることがある。それは、数学の本の売れ行きのことである。複数の出版社の編集者から最近聞いたところによると、理工系の出版物の中で、数学の本の売れ行きは悪くはないということである。出版不況という日本を覆う不幸な状況の中での話であるから、各著作の出版冊数は決して多くはない。それでも、物理や化学の本に較べて、数学の健闘は目立つという。ノーベル物理学賞や化学賞のような大きなニュースが数学にはないにも関わらず、数学の本が売れているというのはどうしてだろう。あるテレビ番組を見ていたとき、熟年世代に数学ファンが多いということを聞いた。おそらく、若い頃に数学に興味はあったものの、社会に出てからは数学の本を読む時間がなかった人たちが、定年後に再び数学を学びなおしたくなったということが背景にあるのだろう。基本的な論理能力さえあれば、数学は基礎から着実に積みあげられる利点がある。しかも、紙と鉛筆と脳のみを使って、数学の知識を確実に「自分のもの」にできる。物理や化学ではこうはいかない。

数学にとって、これは喜ばしいことである。しかし社会全体を見渡せば分かることだが、数学ファンの「裾野」は決して広いとは言えない。（こんなことはありえないが）もし、道端で出会った人に「貴方は数

学に興味がありますか」と聞けば、十中八九「まったくありません」という答えが返ってくるだろう。それどころか、「数学は嫌いです」と言われかねない。例えば、飛行機の中やパーティなどで偶々隣にいる人と会話が始まり、自分が数学者であることを「告白」すると、ほとんどと言ってもよいくらいに、「私は数学が苦手でした」という反応が返ってきて、それ以上話は弾まなくなってしまう。

「数学は嫌われている」

これが世間を広く見渡したときの実情なのである。その理由は何であろうか。

　算数・数学は、義務教育の段階で生徒のランク付けに使われる。特に、中学校・高等学校の入学試験において数学が果たす役割は多大なものがある。このことが、数学に対する偏見を生じさせるし、数学嫌いを助長する。「試験以外のことで、数学を学ぶ理由などない」という反発にもなる。現代社会の中で数学は確実に役立っているのだが、残念ながらその役立ち方がブラックボックスになっていることもあり、数学の試験に汲々とする中・高の生徒にはそれが見えないし、学校数学から離れた社会人にも理解されない。

　最近、筆者は数冊の啓発書を書く機会に恵まれたが、そのたびごとに世間の数学という学問に対する無理解を嘆く文章を「後書き」に挟み込んできた。例えば、

「かなりの数の人々が、——特に数式を忌み嫌う人々に限って——学校で学ぶ数学は日常生活では役に立たないと思いこんでいる[*]」と書いたには、このことが背景にある。

他方、数学は科学技術にのみ役立つのではない。様々な形で（やはり表立っては見えにくいものの）人類の精神文化の発展にも寄与しているのである。このことへの無理解に対して、「社会に直接役立つことにすべての価値を置くような文化では、このような定理は何の意味も持たないであろう[**]。もちろん、数学のある部分は、その汎用性から様々な形で人類の福祉と繁栄に貢献している。しかし、数学の「存在理由」はそれだけではない。文学や哲学と同じように、精神文化の深化にも寄与しているのである[***]」と書いたこともある。

もちろん、数学者の側の努力不足も否定できない。「数学者は象牙の塔に籠もっている」という悪口が代表するように、数学の存在理由についての「説明責任」を十分に果たしていないことも、世間を誤解と無理解に導く要因と言える。このような状況の中で、瀬山氏の

[*] 『現代幾何学への道——ユークリッドの蒔いた種』、岩波書店、2010 年。

[**] バナッハ-タルスキーの定理。

[***] 『新版　バナッハ-タルスキーのパラドックス』、岩波書店、2009 年。

ような数学ライターの存在はきわめて重要なのである。米国のようにいわゆる科学ライターの職業が確立されている社会では、数学を含む科学全般を易しく解きほぐす才能を持った一群の人々がいる。我が国にもそのような人はいるものの、数は少ない。特に数学については、「数学理論は、数学者でない者にはまったく理解できないという特色を持つ」（アンドレ・ヴェイユ）ということもあって、数学を易しく解説できる人の数は限られている。この意味で数学界にとって瀬山氏はこの上ない人材なのである。

　愚痴を書き連ねても生産的ではないから、ここで本書の解説に入ろう。本書は小学校・中学校で学ぶ数学（算数）の教材の中にある考え方や概念を、「高み」から眺めようとするものである。著者はこのような試みを「帰りの目」と称している。すなわち、高校（あるいは大学）で学ぶ数学を視座として、小・中学校で学んだ数学を振り返るのが本書の目的である。この目的を端的に表現している著者の文章を引用しよう。

「微分積分学やベクトル空間といった"むずかしい"数学も、その考え方の最も基本となるものは、濃度や方眼紙といった形ですでに小学校、中学校の算数・数学の中にその姿を現していました。そこから微分積分学やベクトル空間への道のりは、確かにそれほど平坦ではないかも知れませんが、途中の風景を楽しみなが

らのんびり歩くと、意外に楽しいハイキングコースになるのかも知れません」

著者の目論見どおりに、本書は数学という山野でハイキングを楽しむための「ガイドブック」になっている。そのキーワードとなるのが、「濃度」、「小数」、「正比例」、「2次関数」、「三角形の内角の和」などである。これらのキーワードが「微分積分」、「無限概念」、「ベクトル」、「1次変換」、「現代幾何学」に発展していく様子が懇切丁寧に解説され、「ε-δ論法」、「連分数」、「アフィン幾何学」、「行列」、「テーラー展開」、「オイラーの公式」、「オイラー・ポアンカレの定理」、「ガウス・ボンネの定理」など、大学で学ぶ数学に関連する話題にまで接続することになる。ページ数からは想像できないような様々な内容を盛り込んでいるのである。

このように書くと、「材料」は手元にあるのだから、大学の数学科の教員が「高みから眺める」文章を書くことは簡単な作業のように思う人もいるだろう。だが、一度でも啓発的な文章を書こうとした者は、この作業には意外な困難が伴うことを知っているはずである。すなわち、想像される読み手の知識に合わせて余計な負担を与えず、しかも首尾一貫したストーリーを組み立てることは容易なことではない。特に無理のないストーリーを固めるのは、尋常ではない努力を必要とす

る。本書は、著者独自のアイディアを各所に散りばめながら、この困難な作業を見事に完遂している。

本書では表立って解説されていないが、小学校の算数を学んだ者にとっては「当たり前」の自然数、分数（有理数）も、実際には高度の論理力を必要とする概念である。すなわち、それらの本質を正確に理解しようとすると、実は「同値関係、同値類、商集合」という、20世紀に確立した数学概念を必要とするのである。自然数については、筆者が度々引用する次のような文章がある。「7匹の魚の集団と1週間の7日の間に類似性があることに気付いた最初の人間は、思考の歴史の上で顕著な前進をもたらしたのである」（ホワイトヘッド）。魚の集団と1週間の中の日数を抽象化して、7という「同じ」名前を付けるには、人間精神の中での大きな「跳躍」が必要だったというのが、この文章の趣旨である。そして、この抽象化の行く先にあるのが、上に述べた「同値関係、同値類、商集合」という概念なのである。

もちろん、小・中学校では生徒の理解能力に合わせながら教育を進めるのが自然であり、その進み方は数学の発展の歴史と整合している。すなわち、最初から厳密な数概念があったのではなく、精神文化の深化と共に次第に「数」の本質的意味が理解されてきたのである。従って最初は「何となく」分かったということ

でよい。とは言え、いやしくも大学で数学を学ぶものには、「確実に」理解した状態で卒業してほしいと考えるのは筆者だけではない。数学が精神の深化と結びついている事実を、少なくとも数学科の学生には理解してもらいたいのである。

本書は、数学科の学生を主なターゲットにしているわけではない。高校までの数学を「何となく分かった」と感じていた一般読者を対象としている。しかし、現代数学の高みに至る過程を知ってもらうためにも、数学科の学生、特に中・高の数学担当教員を目指す学生に是非読み通してほしい本である。

瀬山氏の努力により数学ファンの裾野が広がり、さらには数学の存在理由が広く理解されることを祈りつつ、この拙い解説を終えることとする。

本書は1993年に日本評論社より刊行された『数学の目・算数のすがた』を改題、文庫化したものです。

天才数学者たちが挑んだ最大の難問
―― フェルマーの最終定理が解けるまで

アミール・D・アクゼル

吉永良正訳

問題の意味なら中学生にものみこめる「フェルマーの最終定理」。それが証明されるには三〇〇年が必要だった。史上最大の難題の解決に寄与した日本人数学者を含む天才たちの歴史的エピソードを豊富に盛りこみ、さまざまな領域が交錯する現代数学の魅力的な側面を垣間見せる一冊。

ハヤカワ・ノンフィクション文庫
《数理を愉しむ》シリーズ

数学をつくった人びと
Ⅰ・Ⅱ・Ⅲ（全3巻）

E・T・ベル
田中勇・銀林浩訳

天才数学者の人間像が短篇小説のように鮮烈に描かれる一方、彼らが生んだ重要な概念の数々が裏キャストのように登場、全巻を通じていろいろな角度から紹介される。数学史の古典として名高い、しかも型破りな伝記物語。
解説 Ⅰ巻・森毅、Ⅱ巻・吉田武、Ⅲ巻・秋山仁

ハヤカワ・ノンフィクション文庫
《数理を愉しむ》シリーズ

数学は科学の女王にして奴隷(全2巻)

I 天才数学者はいかに考えたか
II 科学の下働きもまた楽しからずや

E・T・ベル
河野繁雄訳

「科学の女王」と称揚される数学は、先端科学の解決手段として利用される「奴隷」でもある。名数学史『数学をつくった人びと』の著者が、数学上重要なアイデアの面白さと、それが科学にどう応用されたかについて、その発明者たちのエピソードを交えつつ綴ったもうひとつの数学史。

解説 I巻・中村義作 II巻・吉永良正

ハヤカワ・ノンフィクション文庫
《数理を愉しむ》シリーズ

パズルランドのアリス(全2巻)

レイモンド・M・スマリヤン

市場泰男訳

I 不思議の国篇
II 鏡の国篇

不条理がまかり通る『不思議の国のアリス』の登場人物たちは、論理的思考が大好きだった……論理で考えることの面白さと奇妙さを、アリス物語の設定にのせ、第一人者がユーモアを駆使して贈る、解かずに読むだけでも愉しい論理パズル集。

解説 I巻・野崎昭弘 II巻・野矢茂樹

ハヤカワ・ノンフィクション文庫
《数理を愉しむ》シリーズ

物理学者はマルがお好き
――牛を球とみなして始める物理学的発想法

ローレンス・M・クラウス

青木 薫訳

常識の遥か高みをいく、ファンタスティックな現象が目白押しの物理学の超絶理論。しかし、それを唱えるにいたった物理学者たちの考えは、ジョークの種になるほどシンプルないくつかの原則に導かれていたのだった。天才物理学者が備えている物理マインドの秘密を愉しみながら共有できる科学読本。

解説・佐藤文隆

ハヤカワ・ノンフィクション文庫
《数理を愉しむ》シリーズ

ぼくたちも妊娠できますか?

平凡な日常を驚きの世界に変えるQ&A

ビル・ソーンズ&リッチ・ソーンズ

丸山聡美訳

ギロチンで切り落とされた頭は、地面に落ちたことを感じるの? 生き埋めにされたらどれだけ生きていられるの? 素朴な疑問から、ギョッとする思いもよらない質問まで、名高い専門家たちが総力を挙げてお答えします! あなたの頭の中のもやもやをすっきり晴らす爽快コラム集

ハヤカワ・ノンフィクション文庫

なぜ人はエイリアンに誘拐されたと思うのか

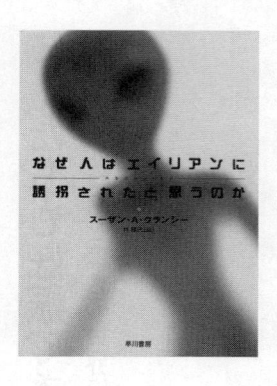

スーザン・A・クランシー

林 雅代訳

「エイリアンに誘拐されたことがある人求む」ハーバードの心理学者の新聞広告で集まったのは、ごく普通の人たちだった——奇妙な思い込みをのぞけば。彼らにはいったい何が起こったのか？ 科学技術時代の複雑な人間心理の謎を解き明かす。

解説・植木不等式

ハヤカワ・ノンフィクション文庫

なぜ人はニセ科学を信じるのか

I 奇妙な論理が蔓延するとき
II 歪曲をたくらむ人々

マイクル・シャーマー

岡田靖史訳

科学的根拠はまったくないのに、科学が認めたかのように装い人を欺くさまざまな「ニセ科学」。どのように歴史や科学的主張が歪曲されるのか？ 本書では豊富な実例で、その騙しの手口を明かしていく。懐疑の心を忘れずに、絢爛多彩なニセ科学ウォッチングをお楽しみください。

ハヤカワ・ノンフィクション文庫

奇妙な論理

I だまされやすさの研究
II なぜニセ科学に惹かれるのか

マーティン・ガードナー

市場泰男訳

壮大な科学理論から健康上の身近な問題まで、奇妙な説は跡をたたない。なぜそれらにたやすく騙されるのか？ 疑似科学の驚くべき実態をシニカルかつユーモアあふれる筆致で描き、「トンデモ科学を批判的に楽しむ」態度の先駆を成す不朽の名著。

解説・I巻 山本弘　II巻 池内了

ハヤカワ・ノンフィクション文庫

〈数理を愉しむ〉シリーズ

はじめての現代数学
瀬山士郎　無限集合論からゲーデルの不完全性定理まで現代数学をナビゲートする名著待望の復刊!

素粒子物理学をつくった人びと 上下
ロバート・P・クリース&チャールズ・C・マン／鎮目恭夫ほか訳　ファインマンから南部まで、錚々たるノーベル賞学者たちの肉声で綴る決定版物理学史。

異端の数ゼロ
チャールズ・サイフェ／林大訳　人類史を揺さぶり続けた魔の数字「ゼロ」。その歴史と魅力を、スリリングに説き語る。

量子コンピュータとは何か
ジョージ・ジョンソン／水谷淳訳　実現まであと一歩? 話題の次世代コンピュータの原理と驚異を平易に語る最良の入門書

リスク・リテラシーが身につく統計的思考法
――初歩からベイズ推定まで
ゲルト・ギーゲレンツァー／吉田利子訳　あなたの受けた検査や診断はどこまで正しいか? 数字に騙されないための統計学入門。

ハヤカワ文庫

自然・科学

ホーキング、宇宙を語る
——ビッグバンからブラックホールまで
スティーヴン・W・ホーキング／林 一訳

アインシュタインの再来と称される車椅子の天才科学者が、宇宙の起源をめぐる謎に挑む

シュレディンガーの猫は元気か
——サイエンス・コラム175
橋元淳一郎

天文学から分子生物学まで、現代科学の驚くべき話題を面白く紹介し頭のコリをほぐす本

0と1から意識は生まれるか
——意識・時間・実在をめぐるハッシー式思考実験
橋元淳一郎

物理のカリスマが難問に挑む、究極の知的冒険（『われ思うゆえに思考実験あり』改題

つかぬことをうかがいますが…
——科学者も思わず苦笑した102の質問
ニュー・サイエンティスト編集部編／金子浩訳

くしゃみすると目をつぶっちゃうのはなぜ？ 専門家泣かせのユーモラスなQ&Aを満載。

やさしい免疫の話
村山知博

花粉症からがんワクチン療法まで、ミクロの世界で体を守る免疫についての耳寄りな40話

ハヤカワ文庫

自然・科学

あなたのなかのDNA
――必ずわかる遺伝子の話
中村桂子

DNAって何? その仕組みから働きまで、あなたの体に潜む生命の歴史をひもときます

食卓の上のDNA
――暮らしと遺伝子の話
中村桂子

食べもの、医療、出産、環境など、日々の暮らしに即して考えるバイオテクノロジー入門

宇宙の果てまで
――すばる大望遠鏡プロジェクト20年の軌跡
小平桂一

無謀と思われた科学計画はいかに実現されたか? 元国立天文台長の手になる稀有の記録

安らぎの生命科学
柳澤桂子

難病に冒された生命科学者が生の神秘、美、喜びを綴り、深い感銘を呼ぶ科学エッセイ集

二重らせんの私
――生命科学者の生まれるまで
柳澤桂子

〈日本エッセイスト・クラブ賞受賞〉著者の生命科学に魅せられた日々を描く長篇エッセイ

ハヤカワ文庫

社会・文化

もののけづくし
別役 実　情報化社会や経済界を跋扈する現代の妖怪の生態を解説する、大人のためのお化け入門。

道具づくし
別役 実　「おいとけさま」「くちおし」など、魅惑的な謎の道具類を解説する別役流〝超博物誌〟

ミュンヘン
マイクル・バー=ゾウハー&アイタン・ハーバー／横山啓明訳　パレスチナゲリラによるテロと、モサドの報復をめぐる経緯を克明に再現した傑作実録。

博士と狂人
サイモン・ウィンチェスター／鈴木主税訳　世界最大・最高の辞書OEDを作った言語学者とその協力者をめぐる数奇な歴史秘話

スパイのためのハンドブック
ウォルフガング・ロッツ／朝河伸英訳　イスラエルの元スパイが明かしたスパイの現実。これ一冊でエリート・スパイになれる!?

ハヤカワ文庫

〈ライフ・イズ・ワンダフル〉シリーズ

奇怪動物百科
ジョン・アシュトン／高橋宣勝訳
人々が想像力を駆使して描いた、異境の突拍子もない生き物がいかに蠱惑的かをご覧あれ

パリの獣医さん〔上〕〔下〕
ミシェル・クラン／中西真代訳
人間が真に人間的にあるには、動物との触れ合いが不可欠だ。感動と発見に満ちた動物記

キリン伝来考
ベルトルト・ラウファー／福屋正修訳
人はこの風変わりな動物に初めて遭ったとき何を見たか。古今東西の絵画で綴る博物誌

雪 豹
ピーター・マシーセン／芹沢高志訳
《全米図書賞受賞》幻の動物雪豹を追う壮絶な登山行。ネイチャーライティングの最高峰

動物に愛はあるかⅠⅡ
モーリス・バートン／垂水雄二訳
他の個体を「思いやる」、真の意味の動物の利他行動を多数の魅惑的なエピソードで解説

ハヤカワ文庫

著者略歴 1946年群馬県生 東京教育大学理学部数学科卒 群馬大学教育学部教授、数学教育協議会副委員長 著書に『はじめての現代数学』(ハヤカワ文庫NF)『「無限と連続」の数学——微分積分学の基礎理論案内』『幾何物語——現代幾何学の不思議な世界』ほか多数

HM=Hayakawa Mystery
SF=Science Fiction
JA=Japanese Author
NV=Novel
NF=Nonfiction
FT=Fantasy

〈数理を愉しむ〉シリーズ
数学と算数の遠近法
方眼紙を見れば線形代数がわかる

〈NF372〉

二〇一〇年十一月十日 印刷
二〇一〇年十一月十五日 発行

（定価はカバーに表示してあります）

著者　瀬山士郎

発行者　早川　浩

印刷者　西村正彦

発行所　株式会社　早川書房
東京都千代田区神田多町二ノ二
郵便番号　一〇一―〇〇四六
電話　〇三―三二五二―三一一一(大代表)
振替　〇〇一六〇―三―四七六七九
http://www.hayakawa-online.co.jp

乱丁・落丁本は小社制作部宛お送り下さい。送料小社負担にてお取りかえいたします。

印刷・精文堂印刷株式会社　製本・株式会社川島製本所
©2010 Shiro Seyama　Printed and bound in Japan
ISBN978-4-15-050372-7 C0141